建设工程施工技术与质量控制探索

寇　泉　程小军　刘海峰◎著

吉林科学技术出版社

图书在版编目（CIP）数据

建设工程施工技术与质量控制探索 / 寇泉，程小军，刘海峰著. -- 长春 ： 吉林科学技术出版社，2023.6
ISBN 978-7-5744-0701-5

Ⅰ. ①建… Ⅱ. ①寇… ②程… ③刘… Ⅲ. ①建筑工程－工程施工②建筑工程－工程质量－质量控制 Ⅳ. ①TU7

中国国家版本馆 CIP 数据核字（2023）第 136735 号

建设工程施工技术与质量控制探索

著　　寇　泉　程小军　刘海峰
出 版 人　宛　霞
责任编辑　赵海娇
封面设计　金熙腾达
制　　版　金熙腾达
幅面尺寸　185mm × 260mm
开　　本　16
字　　数　274 千字
印　　张　12
印　　数　1–1500 册
版　　次　2023年6月第1版
印　　次　2024年2月第1次印刷

出　　版　吉林科学技术出版社
发　　行　吉林科学技术出版社
地　　址　长春市福祉大路5788号
邮　　编　130118
发行部电话/传真　0431-81629529 81629530 81629531
81629532 81629533 81629534
储运部电话　0431-86059116
编辑部电话　0431-81629518
印　　刷　三河市嵩川印刷有限公司

书　　号　ISBN 978-7-5744-0701-5
定　　价　72.00元

前　言

建筑行业在我国经济发展中具有非常重要的作用，特别是对国家整体经济发展和人民大众的生活质量改善具有非常重要的意义，关系也十分密切。随着时代和科技的进步，建筑行业发展迅速，竞争激烈，企业想要在市场竞争中不被淘汰，在行业中有一席之地就必须提高工程质量，提升市场竞争力。管理在任何行业都是至关重要的，建筑行业也不例外，建筑工程施工技术直接关系到建筑项目的质量、工期等内容，在建筑工程中发挥着重要的作用。

建筑工程质量是建筑业参与各方及管理者追求的永恒主题，建筑质量涉及的范围极广，因而是一个很庞大的系统工程，某一个方面的措施达不到质量标准，都会影响到预期目标的实现。为了给建设和使用者提供安全、可靠、耐久的各类建筑，建筑业多年来从国家到地方各级都制定了相应的规范标准和规程，如果切实执行，对保证建设质量极其有效。

本书是建设工程施工技术方向的著作，主要研究施工技术与质量。本书从建设工程基础理论介绍入手，针对建筑地基及地下室工程施工进行了分析研究；另外对砌筑及混凝土施工技术、结构安装工程做了一定的介绍；还对建设工程项目质量控制提出了一些建议；旨在摸索出一条适合建设工程施工技术与质量控制工作创新的科学道路，帮助其工作者在应用中少走弯路，运用科学方法，提高效率。

在本书的写作过程中，虽然努力做到精雕细琢、精益求精，但是由于知识和经验的局限，书中不足之处在所难免，恳请读者批评、指正，以使我们的学术水平不断提高，不胜感激。本书参考借鉴了很多专家、学者的教材、论著、文章，并借鉴了他们的一些观点，在此，对这些学术界前辈深表感谢！

著者

2023 年 5 月

目　录

第一章 建设工程基础理论

第一节 建设工程项目管理概论

一、建设工程项目和项目管理

（一）项目与项目管理的概念

1. 项目的定义

在人类的社会生活中，项目作为人类活动的内容组成，有着久远的历史。关于“项目”（Project）的定义，许多标准化组织和管理方面的专业人士给出了不同的解释。

项目的含义有以下内容：

①一个单个项目可以是一个大项目结构的组成部分；②对某些类型的项目，项目的目标和产品特性要随项目的进展逐步精确和确定；③一个项目的结果可以是一个或几个项目产品；④组织是临时的，并且只存在于项目寿命期内；⑤项目活动之间的相互关系可能是复杂的。

2. 项目的特性

“在当今之社会，一切都是项目，一切也将成为项目。”项目的概念存在于社会生活的各个领域，在不同的行业和领域，项目自身有着独特的重要位置。项目的重要性赋予了它能够占有资源，并有着其固定的目标。

从项目管理的角度，项目作为一个专门术语，它具有如下六个基本特点：

①项目必须有明确特定的目标，质量（工作标准、功效）、进度、成本是项目普遍的目标组成。②项目是在一定的限制条件下进行的，项目所利用的资源是有限的，所以有着包括资源条件的约束（人力、财力和物力等）和人为的约束。③项目是独特的，由于目标、环境、条件、组织和过程等方面的特殊性，不存在两个完全相同的项目，即项目不可

能重复。④项目具有时间限制的生命周期，任何项目都有其明确的起点时间和终点时间，它是在一段有限的时间内存在的。项目先后衔接的各个阶段的全体一般称为项目生命期。项目生命期一般由启动、计划、控制实施、结束四个阶段。⑤项目在组织活动互相发生作用，项目的工作存在冲突和相互依赖。⑥项目有着不确定性，多数项目在进行过程中，往往有许多不确定的因素。

3. 项目管理

项目管理就是以项目为对象的系统管理方法，通过一个临时性的、专门的柔性组织，对项目进行高效率的计划、组织、指导和控制，以实现项目全过程的动态管理和项目目标的综合协调与优化。项目管理通过把各种知识、技能、工具和技术应用于项目活动中，以达到项目的要求。

PMBOK（项目管理知识体系）把项目管理定义为：通过运用现代化的管理技术，在整个项目中，指导和协调人力和物资资源以达到预定的范围、成本、时间、质量和参与者满意目标的艺术。项目管理既是科学，又是艺术；它是对变化的管理，是一门学科、专业、职业，也是一种理念、一种方法。

项目管理的范围比较广，其内容涉及各个方面，如新产品开发、研制项目，技术改造项目，世界银行及其他国际贷款项目，IT 项目，投资项目等。它包括在一个连续的过程中，为达到项目目标对项目所有方面所进行的规划、组织、监测和控制等。

（二）建设工程项目

1. 建设工程项目的概述

通常建设项目是指为了特定目标而进行的投资建设活动；建设工程项目也称为投资建设项目，又简称为工程项目（以下均简称工程项目），其内涵如下：

①建设工程项目是一种包含投资行为和建设行为的项目，其目标是形成固定资产。建设工程项目就是将投资转化为固定资产的经济活动过程。②“一次性事业”即一次性任务，表示项目的一次性特征。③“经济上实行统一核算，行政上实行统一管理”，表示项目是在一定的组织机构内进行，项目一般由一个组织或几个组织联合完成。④对一个工程项目范围的认定标准，是具有一个总体设计或初步设计。凡属于一个总体设计或初步设计的项目，不论是主体工程还是相应的附属配套工程，不论是由一个还是由几个施工单位施工，不论是同期建设还是分期建设，都视为一个工程项目。

2. 建设工程项目的特点

建设工程项目既具有一般项目的基本特点，又有着其自身的特点，主要表现在以下几

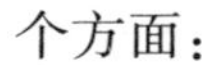

个方面：

①建设工程项目具有明确的建设任务，如建设一个住宅小区或建设一座发电厂等。②建设工程项目具有明确的质量、进度和费用目标。③建设工程项目建设成果和建设过程固定在某一地点。④建设工程项目产品具有唯一性的特点。⑤建设工程项目产品具有整体性的特点。⑥建设工程项目管理的复杂性，工程项目的过程一般比较复杂。其复杂性主要表现在：涉及的单位多，各单位之间关系协调的工作量比较大，难度也大；伴随着工程技术的不断提高，出现了许多新技术、新材料和新工艺，技术复杂性不断提高；大中型工程项目往往建设规模都比较大；社会、政治和经济环境对工程项目的影响大，特别是对一些跨地区、跨行业的大型工程项目的影响，越来越复杂。

（三）建设工程项目管理

建设工程项目管理（Professional Management in Construction）是工程管理的一个部分，在整个工程项目全寿命管理中，决策阶段的管理是 DM——Development Management（尚没有统一的中文术语，可译为项目前期的开发管理），实施阶段的管理是项目管理 PM——Project Management，使用阶段（或称运营阶段）的管理是 FM——Facility Management，即设施管理。

“工程管理”作为一个专业术语，其内涵涉及工程项目全过程的管理，即包括 DM、PM 和 FM，并涉及参与工程项目的各个单位的管理，即包括投资方、开发方、设计方、施工方、供货方和项目使用期的管理方的管理。

国际设施管理协会（IFMA）所确定的设施管理的含义，它包括物业资产管理和物业运行管理，这与我国物业管理的概念尚有差异。

区别于 Project，Operation 有着不同的概念：制造业的生产活动往往是连续不断和周而复始的活动，它可称为作业（Operation）。而项目（Project）是一种非常规性、非重复性和一次性的任务，通常有确定的目标和确定的约束条件（时间、费用和质量等）。项目是指一个过程，而不是指过程终结后所形成的成果，例如，某个住宅小区的建设过程是一个项目，而建设完成后的住宅楼及其配套设施是这个项目完成后形成的产品。

每个组织都为实现某些目标而从事某种工作：项目的目标是实现其目标，然后结束项目。日常运作的目标一般是为了维持运营。共同点：由人来实施，受制于有限的资源，需要计划、执行和控制。

（四）建设工程项目管理的类型和任务

1. 建设工程项目管理的类型

按工程项目不同参与方的工作性质和组织特征划分，工程建设项目管理的类型可以划分为：

①业主方的项目管理；②设计方的项目管理；③施工方的项目管理；④供货方的项目管理；⑤建设项目总承包方的项目管理。

2. 建设工程项目管理的目标和任务

建设工程项目不同参与方的项目管理，其目标和任务都有所不同。

（1）业主方项目管理的目标和任务

业主方项目管理服务于业主的利益，其项目管理的目标包括项目的投资目标、进度目标和质量目标。三大目标之间既有矛盾的一面，也有统一的一面，它们之间的关系是对立又统一的关系。业主方的项目管理工作涉及项目实施阶段的全过程，前期的准备阶段（包括可行性研究、项目决策等）、设计阶段、施工阶段、动用前准备阶段和保修期。各个阶段分别进行安全管理、投资控制、进度控制、质量控制、合同管理、信息管理、组织和协调。

（2）设计方项目管理的目标和任务

设计方的项目管理目标包括设计的成本目标、设计的进度目标和设计的质量目标，以及项目的投资目标。设计方项目管理的任务包括：①与设计工作有关的安全管理；②设计成本控制和与设计工作有关的工程造价控制；③设计进度控制；④设计质量控制；⑤设计合同管理；⑥设计信息管理；⑦与设计工作有关的组织和协调。

（3）施工方项目管理的目标和任务

施工方项目管理的目标包括施工的成本目标、施工的进度目标和施工的质量目标。施工方项目管理的任务包括：①施工安全管理；②施工成本控制；③施工进度控制；④施工质量控制；⑤施工合同管理；⑥施工信息管理；⑦与施工有关的组织与协调。

（4）供货方项目管理的目标和任务

供货方项目管理的目标包括供货方的成本目标、供货的进度目标和供货的质量目标。供货方项目管理的任务包括：①供货的安全管理；②供货方的成本控制；③供货的进度控制；④供货的质量控制；⑤供货合同管理；⑥供货信息管理；⑦与供货有关的组织与协调。

（5）建设项目总承包方项目管理的目标和任务

建设项目总承包方项目管理的目标包括项目的总投资目标和总承包方的成本目标、项目的进度目标和项目的质量目标。建设项目总承包方项目管理的任务包括：

①安全管理；②投资控制和总承包方的成本控制；③进度控制；④质量控制；⑤合同管理；⑥信息管理；⑦与建设项目总承包方有关的组织和协调。

（五）建设工程项目管理的全过程

建设工程项目全过程包括建设工程项目的决策阶段、设计阶段、项目实施阶段、试车运行和项目竣工验收、项目使用以及项目的后评价等阶段，建设工程项目全生命期的管理是建设工程项目管理新的发展方向。

建设工程项目全过程每个阶段有着每个阶段的特点，每个阶段的项目管理的任务也不一样。在工程项目决策阶段，针对项目进行可行性分析和项目策划，提交可行性研究报告；在工程项目前期设计阶段，完成工程初步设计、技术设计等工作；在工程项目实施阶段，进行项目招标投标、施工图设计、材料及设备的采购、工程施工和试运行、竣工验收等任务。一个完整建设生命周期的建设工程是一个项目，项目周期就是一个项目的若干个有机联络的阶段，这些阶段的划分也等于是将项目细分的一步，便于管理，每个阶段对工程项目进行质量、安全、进度、费用、合同、信息等管理和控制。

我国建设项目的全生命周期，也是包括项目的设想提出、决策、准备、实施、运营和关闭等阶段，项目“建设”周期内的管理包括决策、准备、实施、竣工相应阶段。

建设工程项目生命期有下述特点：费用和人力投入开始比较低，然后逐渐升高，在项目的实施、控制阶段达到最高峰。此后逐渐下降，直到项目的终止。项目开始时风险和不确定性最高，随着任务一项项的完成，不确定因素逐渐减少，项目成功完成的概率将会逐渐增加。随着项目的进行，项目变更和改正错误所需要的花费将随着项目生命期的推进而激增。项目干系人的影响逐步降低。

二、建设工程项目策划

（一）建设工程项目策划的基本概念

项目策划指的是在充分占有信息的基础上，针对项目决策的问题进行组织、管理、经济和技术方面的科学分析和论证，其目的是为项目的决策增值。

建设工程项目策划指的是在调查研究和收集资料、充分占有信息的基础上，对项目的决策、实施和生产运营，或决策、实施及生产运营的某个问题，进行组织、管理、经济和技术等方面的科学分析和论证，旨在为项目建设进行决策并实施增值。它是把建设意图转换成定义明确、系统清晰、目标具体且具有策略性运作思路的高智力的系统活动。

在建设领域内项目策划人员根据建设业主总的目标要求，从不同的角度出发，通过对建设工程项目进行系统分析，对建设活动的总体战略进行运筹规划，对建设活动的全过程做预先的考虑和设想，以便在建设活动的时间、空间、结构三维关系中选择最佳的结合点重组资源和展开项目运作，为保证项目在完成后获得满意可靠的经济效益、环境效益和社会效益而提供科学的依据。建设工程项目策划使项目建设在人类生活和工作的环境保护、建筑环境、项目的使用功能和建设质量、建设成本和经营成本、社会效益和经济效益、建设周期、建设过程的组织和协调等方面得以增值。

建设工程项目策划的过程是专家知识的组织和集成，以及信息的组织和集成的过程，其实质是知识管理的过程，即通过知识的获取，经过知识的编写、组合和整理，而形成新的知识。

建设工程项目策划是一个开放性的工作过程，须整合多方面专家的知识，包括组织知识、管理知识、经济知识、技术知识、设计经验、施工经验、项目管理经验、项目策划经验等。

建设工程项目策划的作用有：明确构思项目系统框架、奠定项目决策基础、为项目决策提供保证、形成项目的竞争优势、是项目计划的依据、预测项目成果、指导项目管理工作。

（二）建设工程项目前期策划

1. 建设工程项目前期策划概述

建设工程项目前期策划阶段指的是从工程项目的构思到项目批准、正式立项为止的阶段。项目前期策划的主要任务是：寻找并确立项目目标，定义项目，并对项目进行详细的技术经济论证，使整个项目建立在可靠的、坚实的、优化的基础之上。

建设工程项目决策阶段策划的基本内容包括：

①建设环境和条件的调查与分析：包括自然环境、建筑环境（建筑能源、基础设施、建筑风格、建筑主色调等）、市场环境、政策环境、宏观经济环境等。②项目建设目标论证与项目定义：开发或建设的目的、宗旨、指导思想；项目的规模、组成、功能和标准的定义；总投资的规划论证；开发或建设周期。③与项目决策有关的组织、管理和经济方面的论证与策划：组织策划包括项目组织结构分析、决策期的组织结构、决策期任务分工和

管理职能分工、决策期的工作流程、项目编码体系分析；管理策划包括建设期管理总体方案、运行期设施管理总体方案、经营管理总体方案；合同策划包括决策期的合同结构、决策期的合同内容和文本、建设期的合同结构总体方案。④与项目决策有关的技术方面的论证与策划：经济策划包括项目开发或项目建设的成本分析、项目效益分析、融资方案、编制资金需求量计划；技术策划包括技术方案分析和论证、关键方案的分析和论证、技术标准和规范的应用与指定等。⑤项目决策的风险分析。

项目前期策划应注意的问题：

①在整个过程中必须不断地进行环境调查，并对环境发展趋向进行合理的预测。②在整个过程中有一个多重反馈的过程，要不断地进行调整、修改、优化，甚至放弃原定的构思、目标或方案。③在项目前期策划过程中，阶段决策是非常重要的。在整个过程中必须设置几个决策点，对阶段工作结果进行分析、选择。

2. 工程项目的构思

构思的产生：项目的构思是对项目机会的寻求，通常出自项目的上层系统（企业、国家、部门）的现存需求、战略、问题和可能性。项目构思是项目的起源。

项目构思的起因在于下述六个方面：

①通过市场研究发现新的投资机会、有利的投资地点和投资领域。如用于开拓新市场、扩大市场占有份额或者出现新技术、新工艺和新的专利产品的情况等。②解决上层系统运行出现的问题（社会、经济存在的问题）。如解决交通拥挤、住房紧张、产品陈旧、能源紧张或者考虑国民经济发展计划、地区发展计划、部门计划、产业结构、产业政策和经济状况的改善等。③为实现上层系统的发展战略。上层系统的战略目标通过项目而实现。④项目业务的需要，如完成一份招标广告的工程信息等。⑤通过生产要素的合理组合，产生项目机会。⑥创新、企业资产重组等其他一些因素产生的项目机会。

项目构思的产生在项目策划甚至项目管理过程中是十分重要的，虽然在初期可能只是一个点子，但它可以为上层决策者提供一个决策的方向。

项目构思的选择在于解决问题的需求和现实性，它受到环境的制约，充分利用资源影响，利于发挥自己的长处和能力。

3. 项目目标设计

项目目标系统结构的建立。就一个项目的目标而言，其目标不是单一的，而是一个复杂的系统，项目目标确定后应根据目标结构和性质等建立一个目标系统。项目目标系统至少有如下三个层次：①系统目标，通常有功能目标、技术目标、经济目标、社会目标、生态目标；②子目标，为系统目标的说明、补充；③可执行目标，为子目标的细化。

目标因素的分类按性质和目标因素的表达进行分类。按性质，目标因素可以分为：①强制性目标，即必须满足的目标因素，通常包括法律和法规的限制、官方的规定、技术规范的要求等；②期望的目标，即尽可能满足的，有一定范围弹性的目标因素。按照目标因素的表达，它们又可以分为：①定量目标，即能用数字表达的目标因素；②定性目标，即不能用数字表达的目标因素。

目标因素之间会存在争执。当强制性目标与期望目标发生争执，则首先必须满足强制性目标的要求。如果强制性目标因素之间存在争执，则说明本项目存在自身的矛盾性，可能有两种处理方式：①判定这个项目构思是不行的，必须重新构思；②消除某一个强制性目标，或将它降为期望目标。对于期望目标因素的争执，如果定量的目标因素之间存在争执，可以采用优化的办法，追求技术经济指标最有利（如收益最大、成本最低）的解决方案；定性的目标因素的争执可通过确定优先级或定义权重，寻求妥协和平衡，或将定性目标转化为定量目标进行优化。在目标系统中，系统目标优先于子目标，子目标优先于可操作目标。

4. 项目的定义

项目定义是指以书面的形式描述项目目标系统，并初步提出完成方法。它是将原直觉的项目构思和期望引导到经过分析、选择得到的有根据的项目建议，是项目目标设计的里程碑。它应足够详细，包括有下属内容：

①提出问题，说明问题的范围和问题的定义；②说明解决这些问题对上层系统的影响和意义；③项目构成和定界，说明项目与上层系统其他方面的界面，确定对项目有重大影响的环境因素；④系统目标和最重要的子目标，近期、中期、远期目标，对近期目标应定量说明；⑤边界条件，如市场分析、所需资源和必要的辅助措施、风险因素；⑥提出可能的解决方案和实施过程的总体建议，包括方针或总体策略、组织方面安排和实施时间总安排；⑦经济性说明，如投资总额、财务安排、预期收益、价格水准、运营费用等。

5. 项目可行性研究与项目评价

可行性研究（Feasibility Study），是指在调查的基础上，通过市场分析、技术分析、财务分析和国民经济分析，对投资项目的技术、经济、工程、环境等的可行性进行综合评价，从而提出项目是否值得投资和如何进行建设的可行性意见，为项目决策审批提供全面的依据。

项目可行性研究的依据包括：国家有关的发展计划、计划文件，项目主管部门对项目建设要求请示的批复，项目建议书及其审批文件，拟建地区的环境现状资料，市场调查报告，主要工艺和设备技术资料，自然、社会、经济等方面的有关资料等。

可行性研究报告的主要内容包括：①实施纲要；②项目的背景和历史；③市场和工厂生产能力；④材料投入物；⑤建厂地区和厂址；⑥工程设计；⑦工厂组织和管理费用；⑧人工；⑨项目建设；⑩财务和经济评价。

（三）建设工程项目实施阶段的策划

建设工程项目实施期策划包括项目实施策划和运营策划，其主要任务是定义如何组织开发或建设。

项目运营策划包括项目运营方式、运营管理组织、经营机制和项目运营准备等方面的策划，项目运营策划要在项目决策期制订的生产运营期设施管理总体方案和生产运营期经营管理总体方案的基础上进行，不同类型的建设工程项目运营策划之间存在较大的差别。

项目实施策划是把项目决策付诸实施，形成具有可行性、可操作性和指导性的实施方案。策划内容包括有项目环境和条件的调查与分析、项目目标的分析和再论证、组织策划、管理策划、合同策划、风险策划、技术策划和经济策划的内容。

项目决策期对项目的总目标进行了分析论证，在项目实施期需要对项目目标进行进一步分析和论证，一是进一步论证目标的可行性，二是对目标进行分解，形成项目管理目标体系，变成可操作性的数据系统，为项目控制服务。包括：①投资目标的分解和论证；②编制项目投资总体规划；③进度目标的分解和论证；④编制项目建设总进度规划；⑤项目功能分解；⑥建筑面积分配；⑦确定项目质量目标等内容。项目目标的分析和再论证是建设工程项目管理的基础，包括投资目标、进度目标和质量目标的分析和再论证。

（四）建设工程项目的动态控制

建设工程项目实施过程中主客观条件的变化是绝对的，不变则是相对的；在建设工程项目进展过程中平衡是暂时的，不平衡则是永恒的。因此，在建设工程项目实施过程中必须随着情况的变化进行项目目标的动态控制。

动态控制，就是通过对过程、目标和活动的跟踪，全面、及时、准确地掌握建设工程信息，将实际目标值和建设工程实际状况与计划目标和状况进行对比，如果偏离了计划和标准的要求，就采取措施纠正，以便计划总目标的实现。这是一个不断循环的过程，直至项目建成交付使用。

控制的基本类型有主动控制和被动控制。

主动控制——首先分析目标偏离的可能性，在目标偏离之前，拟定和采取各种预防性措施。

被动控制——系统按计划运行时，管理人员对其进行跟踪，一旦发现出现偏差，立刻制订解决问题的方案并付诸实施。

建设工程项目目标动态控制遵循控制循环理论，是一个动态循环过程。

动态控制的第一步，是建设工程项目目标动态控制的准备工作，将建设工程项目的目标进行分解，以确定用于目标控制的计划值；进行项目投入，包括人力投入、物力投入、财力投入。

第二步是在建设工程项目实施过程中对建设工程项目目标进行动态跟踪控制，包括：①收集建设工程项目目标的实际值；②定期进行建设工程项目目标的计划值和实际值的比较；③如有偏差，则采取纠偏措施进行纠偏。

第三步，如有必要（即原定的项目目标不合理，或原定的项目目标无法实现），进行建设工程项目目标的调整，目标调整后控制过程再回复到上述的第一步。

动态控制中的三大要素是目标计划值、目标实际值以及纠偏措施。目标计划值是目标控制的依据和目的，目标实际值是进行目标控制的基础，纠偏措施是实现目标的途径。

目标控制过程中的关键一环是将目标计划值和实际值进行比较分析。这种比较是动态的、多层次的，而目标的计划值与实际值是相对的。

三、建设工程项目系统

（一）系统的概念

1. 系统的定义

根据系统论的观点，一个系统是由相互关联、相互制约的若干部分结合在一起所组成的不可分割的整体。系统又有子系统，每个子系统又可以细分，所以也可以在系统内部进行划分，这样就有包含关系。较复杂的系统可进一步划分成更小、更简单的子系统，许多系统可组织成更复杂的大系统。例如，从全球的角度看，国家是大地区的子系统，大地区是国家的大系统。系统可以是平衡的，系统与外界、系统与系统之间存在着关联，按物理学的定义，系统是分析的对象，是从相互作用的物体中划分出来用于分析研究的对象。系统可以处于多种状态，系统每一时刻的状况为一种状态。影响系统状态的因素即系统的参量，它们互相独立，并随时间而变化。系统的活动总是朝着目标前进的。为了达到一个共同的目标，系统需要通过各子系统之间的相互作用，以及与环境的相互作用，持续地调整与环境的关系，达到适应环境的目标，因而必须整体地对待各系统内部与各系统之间的关系。

系统是多种多样的，可根据不同原则和情况来划分系统的类型。按人类干预的情况可划分为自然系统、人工系统；按学科领域可分为自然系统、社会系统和思维系统；按范围大小划分则有宏观系统、微观系统；按与环境的关系划分有开放系统、封闭系统、孤立系统；按状态划分有平衡系统、非平衡系统、近平衡系统、远平衡系统；等等。另外，还有大系统、小系统的相对区别。

2. 系统的特性

系统论认为，整体性、综合性、有机关联性、动态平衡性、自组织性以及目的性等，是所有系统的共同的基本特征。①整体性：整体大于部分之和；系统整体性作为系统论的基本原则，首先体现在建立系统目标时，要求系统整体的最佳化。②综合性：系统综合性包括要素综合、层次综合、结构综合、环境综合、功能综合等多个方面的内容，是系统所有方面综合性的统一，系统的发展则是所有方面发展的综合。③有机关联性：系统内部诸因素之间以及系统与环境之间的关联。④动态性：任何系统都随时间不断变化，动态是静态的前提，如生命有机体保持体内平衡的基础之一是新陈代谢。⑤自组织性：系统能够自动调节自身的组织、活动的特性、反馈的作用。⑥目的性：系统活动最终趋向于有序性和稳态。

3. 系统分析的方法

系统工程是为了更好地达到系统目标，而对系统的构成要素、组织结构、信息流动和控制机构等进行分析与设计的技术的总称。并不限于通常的土木、水利、建筑等这一类具体的工程，它是一个广义的概念。系统工程的目的是使系统达到一种整体性的优化指标。

系统分析是系统工程方法的主要环节，系统分析的步骤包括：①规划阶段（形成问题，明确研究对象）；②方案阶段（收集资料，提出可行方案）；③建立分析模型（通过模型模拟仿真，通过比较做出最优决策）；④系统设计（在费用效果分析、不确定分析的基础上提出技术上能实现的优化设计）。

（二）建设工程项目系统的特点

系统的观念强调全局，即考虑建设工程项目的整体性，把建设工程项目目标作为系统，在整体目标优化的前提下进行系统的目标管理，而不是强调单一目标；同时要考虑工程项目各个组成部分的相互联系和制约关系，并在此基础上运行和实施项目。任何一个建设工程项目都有着一个复杂的系统，包含多个要素，具有鲜明的系统特征。

建设工程项目系统具有如下特点：①结合性——任何工程项目系统都是由许多要素组合起来的；②相关性——各子单元间互相联系，互相影响，共同作用，构成严密、有机的整体；③目的性——项目有明确的目标，贯穿于项目的整个过程和项目实施的各方面；④开放性——任何项目都在一定的社会历史阶段、一定的时间和空间中存在；⑤动态性——项目的各个系统在项目过程中都显示出动态特征；⑥其他特点：a. 新颖性；b. 复杂性；c. 不确定性。

系统即是各个要素相互作用形成的整体，它是由若干个相互作用和相互依赖的要素组合而成。建设工程项目系统根据不同的角度进行划分，也可以基于不同的要素进行分类，如可以将建设工程项目系统可以分为内部系统和外部系统。内部工程系统可以由单项工程、单位工程、分部工程和分项工程等子系统构成；也可以分为主要生产系统、附属生产系统、辅助生产系统、仓储系统，以及行政办公与生活福利设施系统等。而建设工程项目的外部系统可以理解为与工程系统相关联的外部环境系统等。

建设工程项目系统分析通常从系统描述的几个角度划分成目标系统、对象系统、行为系统和组织系统，它们构成建设工程项目系统的总体框架，各系统之间存在着错综复杂的内在联系，构成了一个完整的项目系统。根据系统原理建立起的建设工程项目系统，要求项目管理者必须树立起系统的观念，并运用系统的观念认识、分析和管理工程项目。

1. 建设工程项目系统的分类

(1) 目标系统

目标系统是工程项目所要达到的最终状态的描述系统。

建设工程项目的目标体系包括质量（Quality）目标（生产能力、功能、技术标准等）、进度（Time）（工期）目标、费用（Cost）（成本、投资）目标，这三大目标构成工程项目的目标系统体系。

项目管理采用目标管理方法，因此，在前期策划过程中就应建立目标系统，并将其贯穿于项目全过程。工程项目具有明确的目标系统，它是项目管理过程中的一条主线。

工程项目目标系统具有如下特点：

结构层次性：总目标→子目标→可操作目标。

完整性：目标系统应能完整地反映上层系统对项目的要求，特别是强制性目标。目标系统的缺陷会导致工程技术系统的缺陷、计划的失误和实施控制的困难。

均衡性：目标系统追求的最优，在三大目标之间有个均衡发展的概念。

动态性：工程项目的目标系统是在项目目标设计、可行性研究、技术设计和计划中逐渐建立形成的，由于环境不断变化，上层系统对项目的要求也会变化，项目的目标系统在实施中也会产生变更。

目标系统由项目任务书、技术规范、合同文件等定义。工程项目目标系统的建立包括工程项目构思、识别需求、提出项目目标和建立目标系统等工作。工程项目目标系统是一种层次结构，将工程项目的总目标分解成子目标，子目标再分解成可执行的第三级目标，如此一直分解下去，形成层次性的目标结构。目标系统至少由系统目标、子目标和可执行目标三个层次构成。

建设工程项目目标系统建立的依据：①业主的需求说明，即业主对工程项目使用功能的要求，包括建设工程项目的目的、拟建规模、建设地点、产品方案、技术要求的初步设想、资源情况、建设条件等；②国家、地方政府颁布的法律、法规、规章等；③国家和行业颁布的强制性标准、规范、规程等；④其他资料，如与本工程项目性质类似的历史数据，与本工程项目相关的最新技术发展资料等。

工程项目目标系统的建立方法：可以采用工作分解结构 WBS（Work Breakdown Structure）方法建立工程项目的目标系统。WBS 是一种层次化的树状结构，是将工程项目划分为可以管理的工程项目单元，通过控制这些单元的费用、进度和质量目标，达到控制整个工程项目的目的。WBS 的内涵即工程项目结构分析是将项目按系统规则和要求分解成相互独立、互相影响的、相互联系的项目单元，将它们作为对项目的观察、设计、计划目标和责任分解、成本核算和实施控制等一系列项目管理工作的对象。

（2）工程项目的对象系统

工程项目是要完成一定功能、规模和质量要求的工程，这个工程是项目的行为对象。它是由许多分部、许多功能面组合起来的综合体，有自身的系统结构形式。它通常是实体系统形式，可进行实体的分解，得到工程结构。

工程项目的对象系统决定着项目的类型和性质，决定着项目的基本形象和最本质特征，决定项目实施和项目管理的各个方面。它由项目的设计任务书、技术设计文件（如实物模型、图纸、规范）等进行定义，通过项目实施完成。

工程项目对项目对象系统的要求（功能、寿命、经济性等）有：①空间布置合理，各部分和专业工程协调一致；②能够安全、稳定、高效地运行，达到预期的设计效果；③结构合理，没有冗余，质量和寿命期设计均衡；④均衡的简约的高效运行的整体；⑤与环境的协调。

一般情况下，工程项目的工程系统可以分解为单项工程、单位工程、分部工程和分项工程四个层次。

（3）项目组织系统

项目组织是由项目行为主体构成的系统。由于社会化大生产和专业化分工，一个项目的参加单位可能有几个、几十个甚至成百上千个，常见的有业主、承包商、设计单位、监理单位、分包商、供应商等。他们之间通过行政的或合同的关系连接形成一个庞大的组织体系，为了实现共同的项目目标承担着各自的项目任务。项目组织是一个目标明确的、开放的、动态的、自然形成的组织系统。

（4）项目行为系统

项目行为系统指的是完成（建设）工程系统的活动的总和；它是由实现项目目标、完成任务所有必需的工程活动构成的。这些活动之间存在各种各样的逻辑关系，构成一个有序的动态的工作过程。项目行为系统应包括实现项目目标系统必需的所有工作，并将它们纳入计划和控制过程中；应保证项目实施过程程序化、合理化，均衡地利用资源，降低不均衡性，保持现场秩序；使各分部实施和各专业之间相互有利的、合理的协调。项目行为系统是抽象系统，由项目结构图、网络计划、实施计划、资源计划等表示。

2. 建设工程项目的环境系统和项目管理系统

（1）建设工程项目的环境系统

建设工程项目的环境是指对工程项目有影响的所有外部的总和，构成项目的边界条件。现代工程项目都处在一个经常迅速变化的环境中，环境对工程项目有重大影响，主要体现在：①环境决定着对项目的需求，决定着项目的存在价值；②环境决定着项目的技术方案和实施方案以及它们的优化；③环境是产生风险的根源。环境对于项目及项目管理具有决定性的影响。

建设工程项目环境调查内容包括：①政治环境；②经济环境；③法律环境；④自然条件；⑤项目基础设施、场地周围交通运输、通信；⑥项目各参加者（合作者）的情况；⑦其他方面以及同类工程的资料。环境调查是为项目的目标、可行性研究、决策、设计和计划、控制服务的。

（2）建设工程项目管理系统

建设工程项目管理系统指的是工程项目的管理组织、方法、职能组成的系统。它是项目管理的组织、方法、措施、信息和工作过程形成的系统。建设工程项目按照不同层次和角色可以分为项目投资者的项目管理、项目业主的项目管理、建设工程项目工程管理公司的项目管理、工程承包商的项目管理以及政府对工程项目的管理。

建设工程项目管理系统从总体上要完成的工作包括：对项目的目标系统进行策划、论证、目标管理，通过项目过程和项目管理过程保证项目目标的实行；对项目的对象系统

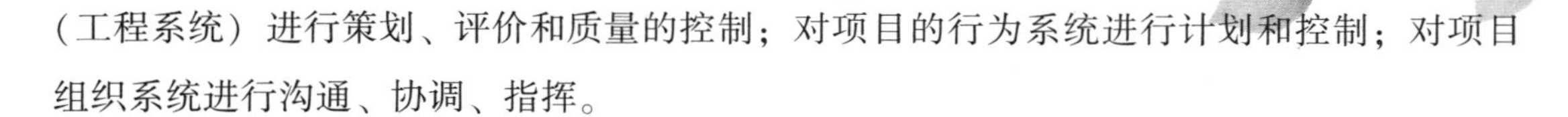

（工程系统）进行策划、评价和质量的控制；对项目的行为系统进行计划和控制；对项目组织系统进行沟通、协调、指挥。

（三）建设工程项目系统分析

1. 建设工程项目系统分析方法

工程项目系统的分析方法指的主要是技术系统的结构分解方法与实施过程的分析方法，即结构化和过程化方法。

建设工程项目系统分析工作包括：①对项目的系统总目标和总任务进行全面研究；②工程项目的结构分解；③项目单元的定义；④项目单元之间界面的分析。

项目结构分析是一个渐进的过程，它随着项目目标设计、规划、详细设计和计划工作的进展逐渐细化。项目结构分析是项目管理的基本工作，又是项目管理最得力的工具。实践证明，对于一个复杂的项目，必须有科学的项目系统结构分析。项目越大，越复杂，越显示出这个工作的重要性。

2. 建设工程项目系统分析过程

建设工程项目系统分析过程一般经过如下几个步骤：

①对项目的系统总目标和总任务进行全面研究，以划定整个项目的系统范围。②采用系统分解方法，将项目系统按照一定规则自上而下、由粗到细地进行分解。③系统单元联系（界面）分析，包括界限的划分与定义、逻辑关系的分析，实施顺序安排。通过界面分析，将全部项目单元还原成一个有机的整体。④项目系统说明。通过设计文件、计划文件、合同文件和项目分解结构表等对项目各层次的单元进行说明，赋予项目系统单元具体的实质性内容。

3. 建设工程项目管理中常用的系统分解方法

系统分解方法是将复杂的管理对象进行结构分解，以观察内部结构和联系。

在项目管理中常用的系统分解方法有：

①结构化分解方法：任何项目系统都有它的结构，都可以进行结构分解，分解的结果通常为树形结构图。②过程化方法：其基本思路是以项目目标体系为主导，以工程系统范围和项目的总任务为依据，由上而下、由粗到细地进行。在结构分解过程中，甚至在整个项目的系统分析过程中，应尽可能让相关部门的专家、将来项目相关任务的承担者参加，并听取他们的意见，这样才能保证分解的科学性和实用性，进而保证整个计划的科学性。

（四）建设工程项目范围

建设工程项目范围管理包括项目的批准、范围定义、项目范围规划、范围确认和范围变更控制。建设工程项目本身是一个系统，系统是有边界的。建设工程项目范围是指工程项目各过程的活动总和，或指组织为了成功完成工程项目并实现工程项目各项目标所必须完成的各项活动。所谓“必须”完成的各项活动，是指不完成这些活动工程项目就无法完成；所谓“全部”活动，是指工程项目的范围包括完成该工程项目要进行的所有活动，不可缺少或遗漏。

①范围规划——制订项目范围管理计划，记载如何确定、核实与控制项目范围，以及如何制定与定义工作分解结构（WBS）；②定义范围——制定详细的项目范围说明书，作为将来项目决策的根据；③制作工作分解结构——将项目大的可交付成果与项目工作划分为较小和更易管理的组成部分；④确认范围——正式验收已经完成的项目可交付成果；⑤范围控制——控制项目范围的变更。

确定工程项目范围，其结果需要编写正式的项目范围说明书，包括详细的辅助内容以及范围管理计划。工程项目范围说明书是项目组织与项目业主（客户）之间对项目的工作内容达成共识的基础，用来对项目范围达成共同的理解，并确认这样的理解，并以此作为将来项目管理的基础。项目范围管理计划描述如何管理项目的范围。项目经理应当与项目的主要利益相关者共同编制项目范围说明书，客户应当在范围说明书上签字，以表示对项目范围的同意与认可。

在建设工程项目实施过程中，建设工程项目的范围会发生变更；通常在合同中赋予了业主在合同范围内对工程进项变更的权力。建设工程项目范围的变更，可能就会涉及增加或减少合同中的某些工作，也会对某些工作进行修改，或施工方式方法，或业主所提供的材料与设施等。

对变更的控制，就是在项目生命周期的整个过程中，对变更的识别、评价和管理等工作。范围变更是对已批准的工作分解结构所规定的项目范围进行修正。范围变更控制的任务有三项：一是对造成范围变化的因素施加影响，以保证变化是有益的；二是判断范围变化已经发生；三是当实际变化发生时对变化进行管理。范围变更控制必须与其他控制过程，如时间控制、成本控制、质量控制等结合起来。

项目的范围变更控制可以按以下流程进行：①提出变更申请，业主、承包商以及工程师均可以提出变更；②对变更申请进行审查；③对进行申请变更的事项进行影响分析；④批准变更，并对变更后的工作进行分析、实施和控制。

有效控制范围变更，至少应该做好下面五项工作：一是项目管理是一个不断沟通和协商、谈判的过程，项目经理要经常与各利益相关者进行沟通；二是为范围变更制订一个良好的控制计划；三是规范变更控制的流程；四是提出变量时要填写变更申请表；五是注意利用软件协助变更的管理和沟通，对于较小的变更，要能够快速决策。范围的变更控制是一项实践活动，所以，对于项目管理的人员，更重要的是在实践中不断地去摸索、创新，寻找更加符合项目需要的、更加有效的方法。

（五）建设工程项目系统的界面

在建设工程项目中，界面具有十分广泛的意义，它是各类项目单元之间的复杂关系，是工作单元之间的结合部。项目的各类系统（目标系统、技术系统、行为系统、组织系统等）的系统单元之间，以及系统与环境之间都存在着界面。项目管理的大量工作都需要解决界面问题，例如，各种计划、组织设计、实施控制、召开项目相关职能会议、解决职责矛盾、项目变更、信息管理等。对于大型的复杂的项目，界面必须经过精心组织和设计，并纳入整个项目管理的范围。在项目管理中，界面是十分重要的，大量的矛盾、争执、损失都发生在界面上。

1. 界面管理的主要内容

①保证系统界面之间的相容性，使项目系统单元之间有良好的接口，有相同的规格。②保证系统的完备性，不失掉任何工作、设备、数据等，防止发生工作内容、成本和质量等各类责任归属的争执。③对界面进行详细定义，并形成文件，在项目的实施中保持界面清楚，当工程发生变更时应特别注意变更对界面的影响。④必须在界面处设置验收点和控制点，主动地进行界面管理。界面通常位于专业的接口处，项目生命期的阶段连接处。⑤在项目的设计、计划和施工中，必须注意界面之间的联系和制约，解决界面之间的不协调、障碍和争执，积极、主动地管理系统界面的关系，对相互影响的因素进行协调。

2. 建设工程项目的界面

①目标系统界面：如质量、进度、成本目标之间的界面。②技术系统界面：如专业上的依赖和制约关系、各功能之间的关系、平面和空间的关系。③行为系统界面：指工作活动之间的关系，特别是进度计划中各计划单元之间的关系。④组织系统界面：包括项目相关利益者之间的关系、组织内部部门之间的关系、上下层之间的关系、项目经理与职能经理之间的关系等。⑤系统与环境之间的界面：环境向系统输入资源、信息、资金、技术；系统向环境提供产品、服务、信息等。

3. 界面管理

①保证系统界面之间的相容性，使项目系统单元之间有良好的接口。②保证系统的完备性，防止发生争执。③要对界面进行定义，形成文件。④在界面处设置检查验收点和控制点。大量的管理工作存在于界面上，应主动进行界面管理。⑤注意界面之间的联系和制约，解决界面之间的不协调、障碍和争执。⑥对重要界面进行设计、计划、说明和控制。

4. 项目系统界面的定义文件

通常通过界面说明来描述：界面的位置、组织责任的划分、技术界限（界面上工作的界限和归宿）、工期界限（活动关系、资源，信息、时间安排）、成本界限等。

项目系统界面的定义文件：①项目系统界面的定义文件应能综合地表达界面信息，包括界面的位置、组织责任的划分、技术界限（界面上工作的界限和归宿）、工期界限（活动关系、资源，信息、时间安排）、成本界限等。②在项目结构分解时，应着重注意界面，划清其界限。在项目施工过程中，通过图纸、规范、计划等进一步详细描述界面。目标、设计、实施方案、组织责任的任何变更都可能影响上述界面的变更，故界面文件必须随工程变更而变更。

（六）工程项目的系统描述

工程项目系统描述体系包括项目目标设计文件、项目定义文件、可行性研究报告、项目任务书、总体设计（规划）文件、详细设计文件（规范和图纸）、项目结构图、计划文件（工期、费用计划）、招标文件、合同文件、操作说明等，共同构成了工程项目系统描述体系。

工程项目的系统描述文件可以分为以下四个层次：第一，项目系统目标文件。第二，项目的工程系统设计文件。第三，实施方案和计划文件。第四，工作包说明。常见的工作包说明表的格式。

（七）与建设工程项目相关者

利益相关者是这样一些团体，没有其支持，组织就不可能生存；利益相关者是任何能够影响或被组织目标所影响的团体或个人。

项目管理知识体系指南把项目的干系人定义为：是积极参与项目，或其利益因项目的实施或完成而受到积极或消极影响的个人和组织。项目干系人会对项目的目标和结果施加影响。项目干系人管理要做到三个环节：第一，识别，必须弄清楚谁是项目干系人；第二，需求分析，确定项目干系人的要求和期望；第三，管理，根据他们的要求对其影响尽力加以管理。不同的项目干系人的目标可能不同，管理很困难。但项目经理必须管理不同项目干系人的期望。与项目有利害相关的人或组织有项目经理、顾客或用户、项目团队、项目发起人及其他的利害相关者等。

建设工程项目的利益相关者是指在建设工程项目实现的全过程中，能够影响项目的实现或受项目影响的团体或个人。根据利益相关者与项目的不同影响关系，可以将建设工程项目利益相关者分为“主要利益相关者”和“次要利益相关者”。主要利益相关者是指那些与项目有合法契约合同关系的团体或个人，包括业主方、承包方、设计方、供货方、监理方、给项目提供借贷资金的金融机构等；次要利益相关者是指与项目有隐性契约，但并未正式参与到项目的交易中，受项目影响或能够影响项目的团体或个人，包括政府部门、环保部门以及社会公众等。

建设工程项目与这些利益相关者群体结成了关系网络，各相关方在其中相互作用、相互影响。建设工程项目作为多方利益的综合体，交汇渗透了各方利益的诉求，这些利益诉求由于各自的独立性，必然存在着各种利益的矛盾和冲突。因此，如何协调各利益相关者的利益冲突是建设工程项目利益相关者管理的核心问题。建设工程项目利益相关者管理中应注意处理好：第一，项目利益相关者之间要互相信任；第二，对不同的利益相关者，实施差异化管理策略；第三，建立信息共享和有效的沟通机制。

四、项目经理与建造师

（一）建造师制度

1. 我国的建造师制度

我国实施注册建造师制度。我国注册建造师是指通过考核认定或考试合格取得中华人民共和国建造师资格证书（以下简称资格证书），并按照规定进行注册，取得中华人民共和国建造师注册证书（以下简称注册证书），担任施工单位项目负责人及从事相关活动的专业技术人员。取得建造师资格证书的人员应当受聘于一个具有建设工程勘察、设计、施工、监理、招标代理、造价咨询等一项或者多项资质的单位，经注册后方可从事相应的执业活动。

未取得注册证书的，不得担任大中型建设工程项目的施工单位项目负责人，不得以注册建造师的名义从事相关活动。

2. 建造师资格的获得

建造师资格的获得是通过考核认定或考试合格，并按照相关规定注册，取得中华人民共和国建造师注册证书（以下简称资格证书）。一级建造师执业资格考试实行全国统一大纲、统一命题、统一组织的考试制度，由人力资源和社会保障部、住房和城乡建设部共同组织实施，原则上每年举行一次考试，考试时间一般为每年的第三季度。

3. 建造师的注册与执业

注册建造师实行注册执业管理制度，注册建造师分为一级注册建造师和二级注册建造师。取得资格证书的人员，经过注册方能以注册建造师的名义执业。建造师注册包括：初始注册、变更注册和延续注册。

申请初始注册时应当具备以下条件：①经考核认定或考试合格取得资格证书；②受聘于一个相关单位；③达到继续教育要求；④没有明确规定的不予注册的情形。

取得一级建造师资格证书并受聘于一个建设工程勘察、设计、施工、监理、招标代理、造价咨询等单位的人员，应当通过聘用单位向单位工商注册所在地的省、自治区、直辖市人民政府建设主管部门提出注册申请，经注册后方可从事相应的执业活动。

注册建造师担任施工单位项目负责人的，应当受聘并注册于一个具有施工资质的企业。注册建造师可以从事建设工程项目总承包管理或施工管理，建设工程项目管理服务，建设工程技术经济咨询，以及法律、行政法规和国务院建设主管部门规定的其他业务。

（二）项目经理

1. 项目管理与项目经理

项目经理是实施组织委派实现项目目标的个人，是企业法定代表人在项目上派出的全权代表。现实中项目经理在企业中是非常普及的核心岗位，沟通（占其全部工作的75%~90%）是项目经理的主要工作。

项目经理是项目的全面负责人，也是项目的推动者，所以要求项目经理不但要具备项目管理科学知识，还要具备丰富的技术知识。这就决定了项目经理在项目管理的中心地位，项目经理是项目管理的主体。

项目经理的工作结果：整合项目干系人的不同意见，使大家为一个达成共识的目标而努力！

项目经理应具备能够满足项目需求的能力和素质要求，现代项目管理对项目经理提出知识能力、实践能力、个人的领导和协调能力等方面的要求。作为一个现代项目管理中的项目经理应具备下列素质：①要符合项目管理要求的能力，善于进行组织协调与沟通；②具有相应的项目管理经历和业绩；③具备相应项目管理所需要的专业技术、管理、经济、法律和法规知识；④具有良好的职业道德和团队协作精神，遵纪守法、爱岗敬业、诚信尽责；⑤要有一个良好的身体素质。

项目经理要具备下述的管理能力：领导能力、沟通与倾听能力、解决问题的能力、处理压力的能力和管理时间的能力。

2. 建设工程项目经理

项目经理责任制作为项目管理工作的基本制度，是评价项目经理绩效的依据，其核心是项目经理承担实现项目管理目标责任书确定的责任。项目经理与项目经理部在工程建设中应严格遵守和实行项目管理责任制度，确保项目目标全面实现。项目经理不应同时承担两个或两个以上未完项目领导岗位的工作。在项目运行正常的情况下，组织不得随意撤换项目经理。特殊原因需要撤换项目经理时，应进行审计并按有关合同规定报告相关方。

建设工程项目经理一般有两种：一种是项目法人委派的项目经理；另一种是建筑施工企业委派的项目经理。由法定代表人任命的项目经理，根据法定代表人授权的范围、期限和内容，履行管理职责，并对项目实施全过程、全面管理，他是项目实施团队之间的联系纽带。

3. 项目经理的任务和责任

项目经理不同于职能经理，职能经理的职责是确定如何做、谁来做，以及投入什么样的资源来完成工作。而项目经理面临的问题是：需要做什么，必须什么时候做（建设项目没有延期），如何获得工作所需的资源。项目经理任务包括厘定工作计划、组建项目团队、分配工作任务、评估项目成员业绩、项目组与高层之间的沟通，以及为项目成员提供信息和协调资源、培养成员的献身精神、指导和培训项目成员。

一般来讲，项目经理的职责包括三个方面的内容：一是对企业的职责；二是对项目及客户的职责；三是对项目组成员的职责。

建设工程项目管理规范要求项目经理应履行下列职责：①项目管理目标责任书规定的职责；②主持编制项目管理实施规划，并对项目目标进行系统管理；③对资源进行动态管理；④建立各种专业管理体系并组织实施；⑤进行授权范围内的利益分配；⑥归集工程资料，准备结算资料，参与工程竣工验收；⑦接受审计，处理项目经理部解体的善后工作；⑧协助组织进行项目的检查、鉴定和评奖申报工作。

建设工程项目管理规范同时规定了项目经理应具有下列权限：①参与项目招标、投标和合同签订；②参与组建项目经理部；③主持项目经理部工作；④决定授权范围内的项目资金的投入和使用；⑤制定内部计酬办法；⑥参与选择并使用具有相应资质的分包人；⑦参与选择物资供应单位。

4. 项目经理的条件和选择

项目经理需具备的知识领域体现在：专业技术知识、心理学常识、市场知识、管理学知识。一个建设工程项目经理能力要求：获得足够资源的能力、获得并能激励班组人员的能力、进行项目目标平衡和预见和分析失败和风险的能力，以及谈判和沟通的交际能力。

建设工程项目管理规范提出项目经理应具备下列素质：①符合项目管理要求的能力，善于进行组织协调与沟通；②相应的项目管理经验和业绩；③项目管理需要的专业技术、管理、经济、法律和法规知识；④良好的职业道德和团队协作精神，遵纪守法、爱岗敬业、诚信尽责；⑤身体健康。

要求项目经理不应同时承担两个或两个以上未完项目领导岗位的工作。在项目运行正常的情况下，组织不得随意撤换项目经理。特殊原因需要撤换项目经理时，应进行审计并按有关合同规定报告相关方。

（三）项目经理与建造师的关系

建设工程项目经理和建造师所从事的虽然都是建设工程的管理，但二者是不相同的：建造师与项目经理定位不同，项目经理是一个岗位，而建造师是关于某类工程施工或工程管理的一个执业资格。建造师执业的覆盖面较大，可涉及工程建设项目管理的许多方面，担任项目经理只是建造师执业中的一项；建设工程项目经理的定义范围可以是施工方的，也可以是建设方的，限于企业内某一特定工程的项目管理。建造师选择工作的权力相对自主，可在社会市场上有序流动，有较大的活动空间；建造师在一个企业注册，就可以在这个企业中从事建筑管理和技术工作，他是相对固定的。项目经理岗位则是企业设定的，项目经理是企业法人代表授权或聘用的、一次性的工程项目管理者，这个职务往往会随着工程的完工而终止。

第二节　建设工程项目组织

一、组织论概述

建设工程项目管理的核心任务是建设项目的目标控制，在整个项目建设团队中，由哪个单位组织定义项目的目标、具体由哪个单位或部门完成相应的工作任务、依据怎样的管理流程进行项目目标的动态控制，这都涉及项目的组织问题，只有理顺参与项目建设各方的组织关系，才能有序地进行项目管理，项目组织因素是决定项目能否成功的关键因素。

（一）组织论和组织工具

“组织”一词具有两种含义。第一，作为一个实体，组织是指有意形成的、正式的职务或者职位结构。第二，作为一种动态的过程，组织指设计、建立并维持一种科学的、合理的组织结构，并通过一定的权力、命令、指令和影响力，对特定目标的活动所需资源进行合理组织的过程。本教材中建设工程项目组织的含义主要指第一个含义。

组织论是一门学科，它主要研究系统的组织结构模式、组织分工和工作流程组织，它是一门与项目管理学科密切相关的基础理论学科。

组织结构模式反映了一个组织系统中各子系统之间或各元素（各工作部门或各管理人员）之间的指令关系。指令关系指的是哪一个工作部门或哪一位管理人员可以对哪一个工作部门或哪一位管理人员下达工作指令。

组织分工反映了一个组织系统中各子系统或各元素的工作任务分工和管理职能分工。组织结构模式和组织分工都是一种相对静态的组织关系。

工作流程组织则可反映一个组织系统中各项工作之间的逻辑关系，是一种动态关系。工作流程组织对于建设工程项目而言，指的是项目实施任务的工作流程组织。

组织工具是组织论的应用手段，常用图或表等形式表示各种组织关系，它包括：①项目结构图；②组织结构图（管理组织结构图）；③工作任务分工表；④管理职能分工表；⑤工作流程图等。

组织行为学是一门研究人（包括个体和群体）在组织中的行为的学科。它致力于寻找人的更有效的行为方式，为管理者提供了一整套实用的针对不同层次的研究工具。它不仅可以帮助管理者了解个人在组织中的行为和掌握人际间的复杂关系，而且对于研究小群体（包括正式群体和非正式群体）中的关系很有价值。

为了有效地实现项目管理的系统目标，必须运用组织行为学原理，结合组织行为学学科，以人为本，重视对人的管理，而不仅仅是应用计划系统和控制技术，对个体心理、群体心理、组织心理及领导心理对质量与安全管理的深层次影响，对提高工程项目质量，确保工程施工安全有重要的现实意义。

（二）建设工程项目组织的概念

建设工程项目中有两种工作过程：一种是专业性工作过程，例如，项目的技术设计、建筑施工、设备供应等工作；另一种是项目管理工作过程，例如，项目战略决策、进度管理、质量管理、成本管理等工作。

建设工程项目组织是指为完成项目建设的各项工作（专业性工作和管理工作）的人、单位、部门按一定的规则或规律构成的整体，通常包括业主单位、设计单位、施工单位、项目管理单位（建设单位），有时还包括投资者。建设工程项目组织的形成过程是由项目目标产生工作任务，由工作任务决定承担者，由承担者形成项目组织。

建设工程项目组织不同于一般的企业组织、社团组织或军队组织，它具有自身的组织特殊性。具体体现在以下六个方面：

1. 具有目的性

项目组织是为了完成项目总目标和总任务，所以具有目的性，项目目标和任务是决定项目组织结构和组织运行的最重要因素。

2. 项目组织结构的基本形态由建设工程项目分解结构决定

项目组织的设置应能完成建设工程项目分解结构确定的项目范围内的所有工作任务，即通过项目工作任务结构分解得到的所有单元，都应无一遗漏地落实完成。所以，建设工程项目结构分解结果对项目的组织结构有很大的影响，它决定了项目组织工作的基本分工，决定了组织结构的基本形态。每个参加者在项目组织中的地位是由它所承担的任务决定的，而不是由它的企业规模、级别或所属关系决定的。

3. 项目组织具有临时组合的特点

与企业或其他常设机构组织特征不同，每一个具体的项目都是一次性的、暂时的，所以，项目组织也是一次性的、暂时的，具有临时组合性特点。项目组织的寿命与它所承担的项目任务（由合同规定）的时间长短有关。项目结束或相应项目任务完成后，项目组织就会解散或重新构成其他项目组织。

4. 项目组织与企业组织之间有复杂的关系

这里的企业组织不仅包括业主的企业组织（项目上层系统组织），而且包括项目承包单位的企业组织。工程项目的组织成员实质上是项目各个参加企业的委托授权机构。项目组织成员通常都有两个角色，既是本项目组织成员，又是原所属企业中的一个成员。研究和解决企业对项目的影响，以及它们之间的关系，在企业管理和项目管理中都具有十分重要的地位。

5. 工程项目内部存在多种形式的组织关系

以下两种是最主要的关系：①专业和行政方面的关系。这与企业内的组织关系相似，上下之间为专业或行政的领导和被领导的关系，在企业内部（如承包商、供应商、分包商、项目管理公司内部）的项目组织中，主要存在这种组织关系。②合同关系或由合同定义的管理关系。不同隶属关系（不同法人）的项目成员之间以合同作为组织关系的纽带。如业主与承包商之间的关系由合同确立。合同签订和解除（结束）表示组织关系的建立和脱离。所以，一个项目的合同体系与项目的组织结构有很大程度的一致性。项目组织按照合同运行，其组织联系是比较松散的。

虽然承包商与项目管理者（如监理工程师或项目管理公司）没有合同关系，但他们责任和权力的划分、行为准则仍由管理合同和承包合同限定。所以，在工程项目组织的运行和管理中合同十分重要。项目管理者必须通过合同手段运作项目，也必须通过合同、法律、经济手段解决遇到的问题，而不能通过行政手段解决。

6. 项目组织是柔性组织，具有高度的弹性、可变性

它不仅表现为许多组织成员随项目任务的承接和完成，以及项目的实施过程而进入或退出项目组织，或承担不同的角色，而且采用不同的项目组织策略、承发包模式、不同的项目实施计划，则有不同的项目组织形式。通常在工程项目早期组织比较简单，在实施阶段会十分复杂。

二、建设工程项目组织策划

（一）建设工程项目组织策划过程

工程项目组织策划是项目管理的一项重要的工作，它包括从制定项目的组织实施策略到形成项目合同和项目手册的过程。

项目组织策划过程主要包括如下工作：

第一，在项目组织策划前应进行项目的总目标分析，进行环境调查和项目制约条件的分析，完成相应阶段项目的技术设计和结构分解工作，等等，形成项目组织策划的基础。第二，确定项目的实施组织策略，即确定项目实施组织和项目管理模式总的指导思想，例如，如何实施该项目？业主如何管理项目？控制到什么程度？总体确定哪些工作由企业内部组织完成？哪些工作由承包商或管理公司完成？业主准备面对多少承包商？业主准备投入多少管理力量？采用什么样的材料和设备的供应方式？第三，涉及项目实施者任务的委托及相关的组织工作。

（二）建设工程项目组织策划依据

1. 业主方面

项目的资本结构，投资者（或上层组织）的总体战略、组织形式、思维方式、目标以及目标的确定性，业主的项目实施战略、管理水平，业主具有的管理力量、管理风格和管理习惯，业主期望对工程管理的介入深度，业主对工程师和承包商的信任程度，对工程的质量和工期要求，等等。

2. 承包商方面

拟选择的承包商的能力，如是否具备施工总承包、设计—施工总承包，或 EPC 总承包的能力，承包商的资信、企业规模、管理风格和水平、抗御风险的能力、相关工程和相关承包方式的经验等。

3. 工程方面

项目的基本结构，工程的类型、规模、特点、技术复杂程度、工程质量要求、设计深度和工程范围的确定性，工期的限制，项目的盈利性，项目风险程度，工程资源（如资金、材料、设备等）供应及限制条件，等等。

4. 环境方面

工程所处的法律环境、市场方式和市场行为，人们的诚信程度，人们常用的工程实施方式，建筑市场竞争激烈程度，资源供应的保证程度，获得额外资源的可能性，等等。

（三）决定建设工程组织的主要因素

第一，工程项目的资本结构，决定了项目所有者的组成方式，进而决定了业主的组织构成。第二，承发包模式，即项目任务的委托方式，决定了工程项目组织结构的基本形式。第三，项目管理模式，决定了业主委托项目管理的组织形式和管理工作的分工。

三、建设工程项目组织与管理

（一）建设工程项目工作结构分解

系统结构分解是将复杂系统进行分解，以观察其内部的结构和联系，是系统分析和管理的最基本方法之一。对于建设工程项目而言，为了完成项目建设，实现项目预期目标，需要联合多个单位，开展设计、施工、供应、管理等方面的工作，所有这些工作就构成了

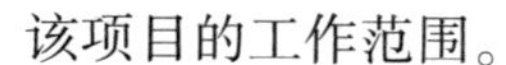
该项目的工作范围。

对于不同种类、性质、规模的项目，从不同的角度，其结构分解方法和思路有很大的差别，但分解过程却很相近。基本思路是：以项目目标体系为主导，以工程技术系统范围和项目的实施过程为依据，按照一定的规则由上而下、由粗到细地进行。项目工作结构分解一般经过如下几个步骤：①分析工程的主要组成部分，将项目分解成能单个定义且任务范围明确的子部分（子项目）；②研究并确定每个子部分的特点和结构规则，它的实施结果以及完成它所需的活动，以做进一步的分解；③将各层次项目单元（直到最低层的工作包）收集于检查表上，用系统规则将项目单元分组，构成项目的工作分解结构图；④分析评价各层次的分解结果的正确性、完整性，是否符合项目结构分解的原则。

项目结构分解工作主要由管理人员承担，常常被作为一项办公室的工作。但是任何项目单元的工作都是由实施者完成的，所以，在结构分解过程中，甚至在整个项目的系统分解过程中，应尽可能让相关部门的专家、将来项目相关任务的承担者参加，并听取他们的意见，这样才能保证分解的科学性和实用性，同时能保证整个计划的科学性。

（二）建设工程项目的资本结构

1. 建设工程项目资本结构的主要形式

工程项目资本结构指完成项目所需资金的来源、比例及构成体系。采用什么样的资本结构，以什么样的融资方式取得资金，是现代战略管理和项目管理的重要课题，对建设过程以及项目建成后的运行过程都极为重要。它决定了项目以及由项目所产生的企业的法律性质和法律形式、项目法人的形式和结构、项目投资者各方面在组织中的法律地位、项目的组织形式和项目管理模式，决定了项目建成后的经营管理和利益的分配。

在建设工程领域，常见的项目资本结构形式主要有以下三种：

（1）独资

如政府独资或单一企业独资。我国过去几乎所有的大型工程建设项目，特别是基础设施工程建设项目都是政府独资。

（2）合资

即两个以上的企业通过合资合同共同出资建设一个工程项目，按照出资的比例和合资合同的规定，共同经营和管理，双方共担风险和共享收益。该项目可以为非法人形式（如采用合伙方式），也可以专门成立一个独立于出资企业的，自己具有法人地位的公司来建设和经营该项目。

（3）项目融资

许多大型项目，如铁路、公路、港口、水利设施等项目，都需要大量的投资，完全由政府独立出资常常很困难。同时，这些项目只有商业化经营，才能提高效益。如果由一个企业作为项目投资者承担责任，则风险太大，它的技术力量、财力、经营能力和管理能力有限，采用项目融资是一种很好的模式。

2. 项目资本结构多元化趋向

现代工程项目中，人们越来越倾向于采用合资方式或项目融资方式进行大型项目的实施。它的优势体现在以下四个方面：①通过合作，多渠道筹集资金，能够完成一个投资单位难以独立承担的大型工程项目建设；②通过合资和项目融资，降低和共担投资风险；③资本结构多元化的项目更适宜商业化经营，能够提高项目的运营效益；④合资或项目融资形成多元化的项目所有者的状态，不仅能够更科学地进行战略决策，而且在项目经营管理中存在互相制衡，防止腐败行为，使项目获得高效益。

（三）建设工程项目的承发包模式

项目承发包就是业主将整个项目任务分为若干个标段或工作包，并将这些标段或工作包通过签订合同的形式委托出去的过程。通过建设工程项目结构分解，可以确定整个工程项目建设应完成的所有工作；而项目的这些工作都是由具体的组织（单位或人员）来完成的，业主必须将它们委托出去才能完成项目的建设工作。项目委托的过程对业主来说是发包，对承包商来说是承包。一个项目的承发包模式也就是决定将整个项目任务分为多少个包（或标段），以及如何划分这些标段。

在现代工程中，工程承发包模式多种多样，各有优缺点和适用条件，建设工程项目主要有以下四种承发包模式：

1. 分阶段分专业工程平行承包

分阶段分专业工程平行承包的特点如下：

①业主有大量的管理工作，管理太细，有许多次招标工作，业主单位应做比较精细的计划及控制，因此，项目前期需要比较充裕的时间进行策划准备。②由于各承包单位之间没有相互合同关系，业主单位必须负责各承包商之间的协调，并对各承包商之间互相干扰造成的问题承担责任。在整个项目的责任体系中会存在着责任的“盲区”。③通过分散平行承包，业主可以分阶段进行招标，可以通过协调和项目管理加强对工程的干预。同时承包商之间存在着一定的制衡。④在大型工程项目中，采用这种方式业主将面对很多承包商

（包括设计单位，供应单位，施工单位），直接管理承包商的数量太多，管理跨度太大，容易造成项目协调的困难，造成工程中的混乱和项目失控现象，最终导致总投资的增加和工期的延长。⑤对采取这种承发包模式的项目，业主管理和控制比较细，需要对工程建设过程中出现的各种工程问题做中间决策，管理流程复杂，必须具备较强的项目管理能力。当然业主可以委托监理工程师进行工程管理。

2.“设计—施工—供应”（EPC）总承包（统包，全包，或一揽子承包）

由一个承包商承包建设工程项目的全部工作，包括设计、供应、各专业工程的施工以及管理工作，甚至包括项目前期筹划、方案选择、可行性研究，EPC 总承包商向业主承担全部工程责任。当然总承包商也可以将全部工程范围内的部分工程或工作分包出去。

EPC 总承包方式的特点有：

①通过全包可以减少业主面对的承包商的数量，这给业主带来很大的方便。业主事务性管理工作较少，例如，仅需要一次招标确定总承包单位，无须分别招标确定设计、施工等承包单位。在工程中业主负责宏观控制和成果验收，主要提出工程的总体要求（如工程的功能要求、设计标准、材料标准的说明），一般不干涉承包商的工程实施过程和项目管理工作。

②这使得承包商能将整个项目管理形成一个统一的系统，避免多头领导，方便协调和控制，减少大量的重复性的管理工作，降低管理费用；使得信息沟通方便、快捷、不失真；它有利于施工现场的管理，减少中间检查、交接环节和手续，避免由此引起的工程拖延。

③项目的责任体系是完备的。无论是设计与施工，与供应之间的互相干扰，还是不同专业之间的干扰，都由总承包商负责，业主不承担任何责任，所以争执较少，产生索赔事件较少。

④在这样的工程中，业主仅提出工程的总体要求，能够最大限度地调动承包商对项目的规划、设计、施工技术和过程的优化和控制的积极性和创造性。所以，采用 EPC 总承包模式可提高工程的整体效益。

⑤在总承包工程中，业主必须加强对承包商的宏观控制，选择资信好、实力强、适应全方位工作的承包商。承包商不仅需要具备各专业工程施工力量，而且需要很强的设计能力、管理能力、供应能力，甚至很强的项目策划能力和融资能力。

3. 采用介于上述两者之间的中间形式

业主将工程委托给几个主要的承包商，如设计总承包商、施工总承包商、供应总承包商等。这种方式在工程中是极为常见的。

4. **非代理型的 CM（Construction Managent）承包方式（CM/Non-Agency 方式）**

CM 承包商直接与业主签订合同，接受整个工程施工的委托，再与分包商、供应商签订合同，可以认为它是一种工程承包方式。

（四）建设工程项目的管理模式

1. **业主方项目管理模式**

建设工程项目管理模式是指业主所采用的项目管理任务的分配与委托方式，以及建立的相应的项目管理组织形式。建设工程项目管理模式的选择必须依据业主的项目实施策略和项目的特殊性，常常与项目的承发包模式连带考虑。工程项目管理模式与承发包方式密切相关，不同的项目管理模式会产生不同的合同体系和管理特点。

常见的建设工程项目的管理模式主要有以下五种：①业主自行管理，业主自行管理是指业主单位自己设置基建机构，如基建处、基建办公室等，负责支配建设资金，办理规划手续及准备场地，编制计划任务书，选择设计、施工和材料、设备供应商等，并直接管理项目的承包单位和供应商。业主自行管理模式在改革开放初期形成，并在我国得到广泛的应用。②业主将项目管理工作按照职能分别委托给其他专门单位，如将项目建设的招标工作、造价工作分别委托给专业的招标代理单位和造价咨询单位完成。③随着项目管理专业化程度的不断提高，业主可将整个项目管理工作以合同形式委托出去，由一个项目管理公司（咨询公司）进行管理。业主只负责项目的宏观控制和高层决策工作，一般不直接参与项目的事务性管理工作。④混合式的管理模式。由业主委托业主代表与监理工程师共同进行项目管理工作。⑤代理型 CM（CM/Agency）管理模式。CM 单位接受业主的委托进行整个工程的施工管理，并协调设计单位与施工承包商的关系，保证在工程建设过程中设计和施工的协调，但不对项目投资负责。业主直接与工程承包商和供应商签订单位，CM 单位主要从事管理工作，与设计、施工、供应单位之间没有合同关系，这种形式在性质上属于管理工作承包。

2. **项目经理部和项目经理**

在工程项目中，业主建立的或委托的项目经理部居于整个项目组织的中心位置，在整个项目实施过程中起决定性作用。项目经理部以项目经理为核心，有自己的组织结构和组织规则。工程项目能否顺利实施，能否取得预期的效果、实现目标，直接依赖项目经理部，特别是项目经理的管理水平、工作效率、能力和责任心。

对常规的工程项目设置项目小组或项目经理部。它们的组织或人员设置与所承担的项目管理任务相关。对中小型的工程项目管理小组通常有：项目经理、专业工程师（土建、安装、各专业设备等方面技术人员）、合同管理人员、成本管理人员、信息管理员、秘书等。有时还可能有负责采购、库存管理、安全管理、计划等方面的人员。

对大型的、特大型的项目，常常必须设置一个管理集团（如项目指挥部），项目经理下设各个部门，如计划部、技术部、合同部、财务部、供应部、办公室等。由于在项目过程中，项目管理的任务不是恒定的，所以，项目经理部的组织结构和人员也是不固定的。

由于项目组织的特殊性，团队精神对项目经理部的运作有特殊的作用。项目团队精神是项目组织文化的具体体现。要取得项目的成功，必须化解矛盾，调动各方面的积极性。项目团队精神应体现在：①有明确的共同的目标，所有成员对目标有共识。大家都知道项目的重要性，每个成员都追求项目的成功。从一开始就激发项目组成员的使命感。②有合理的分工和合作。大家有不同的角色分配，对完成任务有明确的承诺，组织成员接受项目的各种约束，在工作中形成合力。③有不同层次的权力和责任。④组织有高度的凝聚力，大家积极地参与。⑤“团队”成员全身心投入于项目“团队”工作中。⑥成员互相信任。⑦有效地沟通，成员交流经常化，团队中有民主气氛，大家感觉团队的存在。⑧学习和创新是项目经理部经常性的活动。

项目经理部是项目组织的核心，而项目经理领导着项目经理部工作。所以，项目经理居于整个项目的核心地位，他承担管理项目的责任，包括明确项目目标及约束，制订项目的各种活动计划，确定适合于项目的组织机构，招募项目组成员，建设项目团队，获取项目所需资源，领导项目团队执行项目计划，跟踪项目实施，及时对项目进行控制，处理与项目相关者的各种关系，对项目进行考评，提出项目报告等。他对整个项目经理部以及对整个项目起着举足轻重的作用，对项目的成功有决定性影响。一个强的项目经理领导一个弱的项目经理部，比一个弱的项目经理领导一个强的项目经理部项目成就会更大。

（五）建设工程项目的组织结构

建设工程项目组织结构模式可用项目组织结构图来描述，项目组织结构图可反映一个组织系统中各组成部门（组成元素）之间的组织关系（指令关系）。在项目组织结构图中，矩形框表示工作部门，上级工作部门对其直接下属工作部门的指令关系用单方向箭线表示。

为了实现工程项目目标，使人们在项目中高效率地工作，必须设计适应项目特征的项目组织结构，并对项目组织的运作进行有效的管理，常用的项目组织结构模式包括直线型、职能式、矩阵式项目组织形式。

1. 直线型

在军事组织系统中，组织纪律非常严谨，军、师、旅、团、营、连、排和班的组织关系是指令逐级下达，一级指挥一级和一级对一级负责。直线型组织结构就是来自于这种十分严谨的军事组织系统。在直线型组织结构中，每一个工作部门只能对其直接的下属部门下达工作指令，每一个工作部门也只有一个直接的上级部门，因此，每一个工作部门只有唯一一个指令源，避免了由于矛盾的指令而影响组织系统的正常运行。

2. 职能式

在人类历史发展过程中，当手工业作坊发展到一定的规模时，一个企业内需要设置对人、财、物和产、供、销工作管理的职能部门，这样就产生了初级的职能组织结构。因此，职能组织结构是一种传统的组织结构模式。在职能组织结构中，每一个职能部门可根据它的管理职能对其直接和非直接的下属工作部门下达工作指令。因此，每一个工作部门可能得到其直接和非直接的上级工作部门下达的工作指令，它就会有多个矛盾的指令源。一个工作部门的多个矛盾的指令源会影响管理机制的运行。

职能式项目组织结构模式是专业分工发展的结果，它通常适用于工程项目规模大，但子项目又不多的情况。它包括了工程项目经理部的组织形式。职能式项目组织形式的优点是强调职能部门和职能人员专业化的作用，大大提高了项目组织内的职能管理的专业化水平，能够提高项目管理水平和效率，项目经理主要负责协调。职能式项目组织形式的缺点是组织中权力过于分散，有碍于命令的统一性，容易形成多头领导，也容易产生职能工作的重复或遗漏。

3. 矩阵式

进行一个特大型项目的实施，而这个项目可分为许多自成体系、能独立实施的子项目时，可以将各子项目看作独立的项目，则相当于进行多项目的实施。矩阵式项目组织一般有两类部门划分：①按专业任务分类的部门，主要负责专业工作、职能管理或企业资源的分配和利用，主要解决怎样干和谁干的问题，具有与专业任务相关的决策权和指令权。②按子项目分类的组织，主要围绕项目对象，对它的目标负责，负责计划和控制，协调项目各工作环节及项目过程中各部门间的关系，具有与项目相关的指令权。

矩阵式组织是由原则上价值相同的两个领导系统的叠合，由双方共同工作，完成项目任务，使部门利益和项目目标一致。矩阵式组织是纵向职能管理基础上强调项目导向的横向协调作用，信息双向流动和双向反馈机制。在两个系统的集合处存在界面，需要具体划

分双方的责任、任务，以处理好两者之间的关系。

4. 工程项目寿命期组织的变化

随着同一个工程项目在整个生命周期不同阶段的进展，项目建设规模和工作任务性质不同，适应的项目组织结构也不同，即项目组织结构在项目期间不断改变。

①早期在上层组织形成项目构思后，成立一个临时性的项目小组做项目的目标研究，探索项目的机会。它仅为一个小型的研究性组织，挂靠在政府的一个职能部门内，为寄生于政府职能部门的临时组织形式。②在提出项目建议书后，进入可行性研究阶段，就成立了一个规模不大的项目领导班子，项目的参加单位很少，主要为咨询公司（做可行性研究）和技术服务单位（如地质的勘探单位），为直线型组织形式。③在设计阶段，正式成立业主的组织（项目公司），由于设计工作管理复杂，项目公司下设几个职能部门，项目参加单位也逐渐增加，采用职能式项目组织结构。④在施工阶段，有多个子项目同时施工，有许多承包商、供应商、咨询和技术服务单位，则为一个多项目的组织，采用矩阵式的组织结构。⑤在交付使用后，作为一个企业运营，则为企业组织。

四、建设项目管理规划和建设项目组织设计

（一）建设项目管理规划

建设项目管理规划内容涉及的范围和深度，在理论上和工程实践中并没有统一的规定，应视项目的特点而定，一般包括如下内容：①项目概述；②项目的目标分析和论证；③项目管理的组织；④项目采购和合同结构分析；⑤投资控制的方法和手段；⑥进度控制的方法和手段；⑦质量控制的方法和手段；⑧安全、健康与环境管理的策略；⑨信息管理的方法和手段；⑩技术路线和关键技术的分析；⑪设计过程的管理；⑫施工过程的管理；⑬风险管理的策略等。

（二）建设项目组织设计

建设项目组织设计是重要的组织文件，它涉及项目整个实施阶段的组织，它属于业主方项目管理的工作范畴。建设项目组织设计主要包括以下内容：①项目结构分解；②合同结构；③项目管理组织结构；④工作任务分工；⑤管理职能分工；⑥工作流程组织等。

第二章　建筑地基及地下室工程施工

第一节　地基基础的处理控制

一、减少建筑地基不均匀沉降的基本措施

建筑物地基是直接承受构造体上部荷载的地层。地基应具有优异的稳定性，在荷载作用时沉降均匀，使建筑物沉降平稳一致。如果地基土质分布不均匀，处理措施不当，就会产生不均匀沉降，将影响到建筑物的正常安全使用，轻者上部墙身开裂、房屋倾斜，重则建筑物倒塌，危及生命，并造成财产损失。

（一）对建筑应采取的措施

1. 确保勘查报告的真实、可靠

地质勘查报告是设计人员对基础设计的主要设计依据，不能有半点虚假，为此必须提高地质勘查人员的业务水平、政治素养和职业道德，并加强责任感，使其结合实际情况，按规定进行勘查，这样才能使勘查报告具有真实性和可靠性。

2. 房屋建筑体型力求简单

在软弱地基土上建造的房屋，其平面应力求简单，避免凹凸转角，因为其主要部位基础交叉，使应力集中，如果结构复杂，则易产生较大沉降量。

3. 沉降缝设置

在平面的转角部位、高度或荷载差异较大处、地基上的压缩性有明显差异的部位，房屋长高比过大时，在建筑体的适当部位均设置沉降缝。沉降缝应从基础至屋面将房屋垂直断开，并有一定的宽度，以预防不均匀沉降引起墙体的碰撞。

4. 保持相邻建筑物基础间的净距离

在已有房屋旁新增建筑物时，或相邻建筑物的高度差异、荷载差异较大时，需要留置

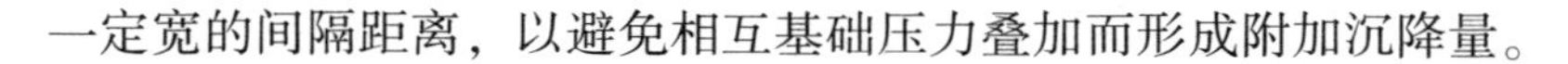

一定宽的间隔距离，以避免相互基础压力叠加而形成附加沉降量。

5. 控制好建筑物的标高

各个建筑单元、地下管线、工业设备等的原有标高，会伴随着地基的不断下沉而变化。因此，可预先采取一定措施给以提高，即根据预先设想的沉降量，提高室内地面和地下设施的标高。

（二）对结构应采取的措施

1. 加强上部构造的刚度

当上部构造的刚度很大时，可以改善基础的不均匀沉降。即便基础有一些不大的沉降，也不会产生过大的裂缝；相反，当上部构造的整体刚度较弱时，即便基础有些沉降量不大，上部结构也会产生裂缝。所以，在建筑物的设计构造中，加强其整体刚度是重要环节。

2. 减少基底附加应力

减少基底附加应力可以减少地基的沉降与不均匀沉降量，减轻房屋的自身重量可以减轻基底压力，是预防和减轻地基不均匀沉降的有效措施之一。在具体应用中，可以使用轻质材料（如常用的多孔砖或其他轻质墙体材料），选择轻质结构（如预应力钢筋混凝土结构、轻钢结构及各种轻型空间结构），选择自重较轻、覆土较少的基础形式，如浅埋的宽基础、有地下室或半地下室的基础、室内地面架空地坪等形式。此外，可以采取较大的基础底面积，减少基底附加压力，以减少沉降量。

3. 加强基础的刚度

要加强基础平面的整体刚度，设置必要的条形基础予以拉结，在地基土质变化或荷载变化处加设钢筋混凝土地梁。根据地基及建筑物荷载的实际情况，可以选择钢筋混凝土加肋条形基础、柱下条形基础、筏形基础、箱形基础、柱形基础等结构形式。这些类型的结构形式整体刚度大，能扩大基底支承面，并可协调不均匀沉降。

4. 地基基础的设计要控制变形值

必须进行基础最终沉降量和偏心距的重复计算，基础最终沉降量应当控制在规定的限值以内。当天然地基不能满足房屋的沉降变形控制要求时，必须采取技术措施，如打预制钢筋混凝土短柱等。

（三）施工中应采取的措施

1. 在施工过程中如果发现地基土质过硬或过软，同勘查资料不一致，或者出现空洞、枯井、暗渠情况，应本着使建筑物各部位沉降尽量趋于一致，以减少地基不均匀沉降的规定进行局部处置。

在基础开挖时不要扰动地基土，习惯做法是在基底要保留200mm左右的原状土不动，待垫层施工时，再由人工挖除。假若坑底土被扰动过，将扰动土全挖掉，用戈壁土重新回填夯实。要重视打桩、井点降水及深基坑开挖对附近建筑物基础的影响。

2. 当建筑物设计有高、低和轻、重不同部分时，要先施工高、重部分，使得有一定的沉降稳定后，再施工低、轻部分，或者先施工房屋的主体部分，再施工附属房屋，这样也可以减轻一部分沉降差。同时，在已建成的小、轻型建筑物周围，不宜堆放大量的土石方和建筑材料，以免由于地面堆压引起建筑物的附加压力而加大沉降。

3. 由于地基分布具有复杂性，勘探点布置具有有限性，因而应该特别重视地基的验槽工作，尽可能地在基础施工前，发现并根治地基土可能产生的不均匀沉降的质量隐患，以弥补在工程勘查工作中存在的不足。

4. 在工业与民用建筑中，要准确掌握建筑物的下沉情况，并及时发现对建筑物可能产生损害的沉降现象，以便采取有效措施，保证房屋能安全使用，同时也为今后合理设计基础提供有效资料。因此，在建筑物施工过程和使用过程中，进行沉降观察是必不可少的。

二、建筑软弱地基的处理方法

（一）常见不良地基土及其特点

良好的地基一般具有较高的承载力与较低的压缩性，易于承重，能够满足工程上的要求。如果地基承载力不足，就可以判定为软弱地基。软弱地基是指由软黏土（淤泥及淤泥质土）、杂填土、冲填土、松散砂土及其他具有高压缩性的土层构成的地基，这些地基的共同特点是模量低、承载力小。软弱地基的工程性质较差，必须采取措施对软弱地基进行处理，提高其承载能力。

1. 软黏土

软黏土也称软土，是软弱黏性土的简称，软弱黏性土由淤泥和淤泥质土组成。软土的物理力学性质包括如下几个方面：

（1）物理性质

黏粒含量较多，塑性指数 Ip 一般大于 17，属黏性土。软黏土多呈深灰、暗绿色，有臭味，含有机质，含水量较高，一般大于 40%，而淤泥也有大于 80%的情况。孔隙比一般为 1.0~2.0，其中孔隙比为 1.0~1.5 时称为淤泥质黏土，孔隙比大于 1.5 时称为淤泥。由于其具有高黏粒含量、高含水量、大孔隙比的特点，因而其力学性质也就呈现与之对应的特点，即低强度、高压缩性、低渗透性、高灵敏度。

（2）力学性质

软黏土的强度极低，不排水强度通常仅为 5~30kPa，表现为承载力基本值很低，一般不超过 70kPa，有的甚至只有 20kPa。软黏土尤其是淤泥灵敏度较高，这也是区别于一般黏土的重要指标。软黏土的压缩性很大。通常情况下，软黏土层属于正常固结土或超微固结土，但有些土层特别是新近沉积的土层有可能属于欠固结土。渗透系数很小是软黏土的又一重要特点，渗透系数小则固结速率就很低，有效应力增长缓慢，从而沉降稳定慢，地基强度增长也十分缓慢。这一特点是严重制约地基处理方法和处理效果的重要因素。

（3）工程特性

软黏土地基承载力低，强度增长缓慢；加荷后易变形且不均匀；变形速率大且稳定时间长；具有渗透性小、触变性及流变性大的特点。常用的地基处理方法有预压法、置换法、搅拌法等。

2. 杂填土

杂填土主要出现在一些老的居民区和工矿区内，是人们的生活和生产活动所遗留或堆放的垃圾土。这些垃圾土一般分为三类：建筑垃圾土、生活垃圾土和工业生产垃圾土。不同类型的垃圾土、不同时间堆放的垃圾土很难用统一的强度指标、压缩指标、渗透性指标加以描述。由于杂填土的主要特点是无规划堆积、成分复杂、性质各异、厚薄不均、规律性差，因而同一场地表现为压缩性和强度的明显差异，极易造成不均匀沉降，通常都需要进行地基处理。

3. 冲填土

冲填土是人为的用水力冲填方式而沉积的土层，近年来多用于沿海滩涂开发及河漫滩造地。西北地区常见的水坠坝（也称充填坝）即是冲填土堆筑的坝。冲填土形成的地基可视为天然地基的一种，它的工程性质主要取决于冲填土的性质。冲填土地基一般具有如下重要特点：

（1）颗粒沉积分选性明显

在入泥口附近，粗颗粒较先沉积，远离入泥口处，所积的颗粒变细；同时，在深度方向上存在明显的层理。

（2）冲填土的含水量较高

一般大于液限，呈流动状态。停止冲填后，表面自然蒸发后常呈龟裂状，含水量明显降低，但当排水条件较差时，下部冲填土仍呈流动状态，冲填土颗粒越细，这种现象越明显。

（3）冲填土地基早期强度很低、压缩性较高

这是因为冲填土处于欠固结状态。冲填土地基随静置时间的增长逐渐达到正常固结状态。其工程性质取决于颗粒组成、均匀性、排水固结条件及冲填土后的静置时间。

4. 饱和松散砂土

粉砂或细砂地基在静荷载作用下常具有较高的强度。但是当振动荷载（地震、机械振动等）作用时，饱和松散砂土地基则有可能产生液化或大地震陷变形，甚至丧失承载力。这是因为土颗粒松散排列并在外部动力作用下使颗粒的位置产生错位，以达到新的平衡，瞬间产生较高的超静孔隙水压力，有效应力迅速降低。对这种地基进行处理的目的就是使它变得较为密实，消除在动荷载作用下产生液化的可能性。常用的处理方法有挤出法、振冲法等。

5. 湿陷性黄土

在上覆土层自重应力作用下，或者在自重应力和附加应力共同作用下，因浸水后土的结构破坏而发生显著附加变形的土，称为湿陷性土，属于特殊土。有些杂填土也具有湿陷性。广泛分布于我国东北、西北、华中和华东部分地区的黄土多具湿陷性（这里所说的黄土泛指黄土和黄土状土。湿陷性黄土又分为自重湿陷性黄土和非自重湿陷性黄土，也有的老黄土不具湿陷性）。在湿陷性黄土地基上进行工程建设时，必须考虑由于地基湿陷引起的附加沉降对工程可能造成的危害，选择适宜的地基处理方法，避免或消除地基的湿陷或因少量湿陷所造成的危害。

6. 膨胀土

膨胀土的矿物成分主要是蒙脱石，它具有很强的亲水性，吸水时体积膨胀，失水时体积收缩。这种胀缩变形往往很大，极易对建筑物造成损坏。膨胀土在我国的分布范围很广。膨胀土是特殊土的一种，常用的地基处理方法有换土、土性改良、预浸水及防止地基土含水量变化等工程措施。

7. 含有机质土和泥炭土

当土中含有不同的有机质时，将形成不同的有机质土，在有机质超过一定含量时，就形成泥炭土，它具有不同的工程特性。有机质的含量越高，对土质的影响越大，主要表现为强度低、压缩性大，并且对不同工程材料的掺入有不同影响等，直接对工程建设或地基处理构成不利的影响。

8. 山区地基土

山区地基土的地质条件较为复杂，主要表现在地基的不均匀性和场地的不稳定性两个方面。由于自然环境和地基土的生成条件影响，场地中可能存在大孤石，场地环境也可能存在滑坡、泥石流、边坡崩塌等不良地质现象。它们会给建筑物造成直接或潜在的威胁。在山区地基建造建筑物时要特别注意场地环境因素及不良地质现象，必要时对地基进行处理。

9. 岩溶（喀斯特）

在岩溶地区常存在溶洞或土洞、溶沟、溶隙、洼地等。地下水的冲蚀或潜蚀使其形成和发展，它们对建筑物的影响很大，易于出现地基不均匀变形、崩塌和陷落。因此，在修建建筑物前，必须对基地进行必要的处理。

（二）软弱地基的处理方法

软弱地基未经人工加固处理是不能在上面修筑基础和建筑物的，处理后的地基称为人工地基。地基处理的目的就是针对在软弱地基上修筑建造物可能出现的问题，采取各种手段来提高地基土的抗剪强度，增大地基承载力，改善土的压缩特性，从而达到满足工程建设的需要。由于软弱地基的复杂性和多样性，已经形成了许多种不同的地基处理方法，按照其原理的不同，可分为以下几种：置换法、预压法、压实与夯实法、挤密法、拌和法、加筋法、灌浆法等。下面对以上几种方法进行简要叙述。

1. 置换法

置换法包括以下三种：

（1）换填法

将表层不良地基上挖除，然后回填有较好压密特性的土进行压实或夯实，形成良好的持力层，从而改变地基的承载力特性，提高抗变形和稳定能力。

施工要点：将要转换的土层挖尽，注意坑边稳定；保证填料的质量；填料应分层夯实。

（2）振冲置换法

利用专门的振冲机具，在高压水射流下边振边冲，在地基中成孔，再在孔中分批填入碎石或卵石等粗粒料形成桩体。该桩体与原地基土组成复合地基，达到提高地基承载力、减小压缩性的目的。

施工要点：碎石桩的承载力和沉降量很大程度取决于原地基土对其的侧向约束作用，该约束作用越弱，碎石桩的作用效果越差，因而该方法用于强度很低的软黏土地基时，必须慎重行事。

（3）夯（挤）置换法

利用沉管或夯锤的办法将管（锤）置入土中，使土体向侧边挤开，并在管内（或夯坑）放入碎石或砂等填料。该桩体与原地基土组成复合地基，由于挤、夯使土体侧向挤压，地面隆起，土体超静孔隙水压力提高，当超静孔隙水压力消散后，土体强度也有相应的提高。

施工要点：当填料为透水性好的砂及碎石料时，是良好的竖向排水通道。

2. 预压法

预压法包括以下四种：

（1）堆载预压法

在施工建筑物前，用临时堆载（砂石料、土料、其他建筑材料、货物等）的方法对地基施加荷载，给予一定的预压期，使地基预先压缩完成大部分沉降并使地基承载力得到提高；卸除荷载后再建造建筑物。

施工要点：预压荷载一般宜取等于或大于设计荷载；大面积堆载可采用自卸汽车与推土机联合作业，对超软土地基的第一级堆载用轻型机械或进行人工作业；堆载的顶面宽度应小于建筑物的底面宽度，底面应适当放大；作用于地基上的荷载不得超过地基的极限荷载。

（2）真空预压法

在软黏土地基表面铺设砂垫层，用土工薄膜覆盖且周围密封。用真空泵对砂垫层抽气，使薄膜下的地基形成负压。随着地基中气和水的抽出，地基土得到固结。为了加速固结，也可采用打砂井或插塑料排水板的方法，即在铺设砂垫层和土工薄膜前打砂井或插排水板，达到缩短排水距离的目的。

施工要点：先设置竖向排水系统，水平分布的滤管埋设宜采用条形或鱼刺形，砂垫层上的密封膜采用 2 或 3 层的聚氯乙烯薄膜，按先后顺序同时铺设。面积大时宜分区预压；做好真空度、地面沉降量、深层沉降、水平位移等观测；预压结束后，应清除砂槽和腐殖

土层，并应注意对周边环境的影响。

（3）降水法

降低地下水位可减少地基的孔隙水压力，并增加上覆土自重应力，使有效应力增加，从而使地基得到预压。这实际上是通过降低地下水位，靠地基土自重来实现预压目的的。

施工要点：一般采用轻型井点、喷射井点或深井井点；当土层为饱和黏土、粉土、淤泥和淤泥质黏性土时，此时宜辅以电极相结合。

（4）电渗法

在地基中插入金属电极并通以直流电，在直流电场作用下，土中水将从阳极流向阴极形成电渗。不让水在阳极补充而从阴极的井点用真空抽水，这样就使地下水位降低、土中含水量减少，从而使地基得到固结压密，强度提高。电渗法还可以配合堆载预压法，用于加速饱和黏性土地基的固结。

3. 压实与夯实法

压实与夯实法包括以下三种：

（1）表层压实法

利用人工夯，低能夯实机械、碾压或振动碾压机械对比较疏松的表层土进行压实，也可对分层填筑土进行压实。当表层土含水量较高时或填筑土层含水量较高时，可分层铺垫石灰、水泥进行压实，使土体得到加固。

（2）重锤夯实法

重锤夯实就是利用重锤自由下落所产生的较大冲击能来夯实浅层地基，使其表面形成一层较为均匀的硬壳层，获得一定厚度的持力层。

施工要点：施工前应试夯，确定有关技术参数，如夯锤的重量、底面直径及落距、最后下沉量及相应的夯击次数和总下沉量；夯实前槽、坑底面的标高应高出设计标高；夯实时地基土的含水量应控制在最优含水量范围内；大面积夯实时应按顺序；基底标高不同时应先深后浅；冬期施工时，当土已冻结时，应将冻土层挖去或通过烧热法将土层融解；结束后，应及时将夯松的表土清除或将浮土在接近 1m 的落距夯实至设计标高。

（3）强夯夯实法

强夯是强力夯实的简称。将很重的锤从高处自由下落，对地基施加很高的冲击力，反复多次夯击地面，地基土中的颗粒结构发生调整，土体变密实，从而能较大限度地提高地基强度和降低压缩性。

施工要点：平整场地；铺级配碎石垫层；强夯置换设置碎石墩；平整并填级配碎石垫层；满夯一次；找平，并铺土工布；回填风化石渣垫层，用振动碾压 8 次。

4. 挤密法

挤密法包括以下三种：

（1）振冲密实法

利用专门的振冲器械产生的重复水平振动和侧向挤压作用，使土体的结构逐步破坏，孔隙水压力迅速增大。由于结构破坏，土粒有可能向低势能位置转移，这样土体将由松变密。

施工要点：平整施工场地，布置桩位；施工车就位，振冲器对准桩位；启动振冲器，使之徐徐沉入土层，直至加固深度以上 30~50 cm，记录振冲器经过各深度的电流值和时间，提升振冲器至孔口，再重复以上步骤 1~2 次，使孔内泥浆变稀；向孔内倒入一批填料，将振冲器沉入填料中，进行振实并扩大桩径，重复这一步骤，直至该深度电流达到规定的密实电流为止，并记录填料量；将振冲器提出孔口，继续施工上节桩段，一直完成整个桩体振动施工，再将振冲器及机具移至另一桩位；在制桩过程中，各段桩体均应符合密实电流、填料量和留振时间三方面的要求，基本参数应通过现场制桩试验确定；施工场地应预先开设排泥水沟系，将制桩过程中产生的泥水集中引入沉淀池，可定期将池底部厚泥浆挖出送至预先安排的存放地点，沉淀池上部比较清的水可重复使用；最后，应挖去桩顶部 1m 厚的桩体，或用碾压、强夯（遍夯）等方法压实、夯实，铺设并压实垫层。

（2）沉管砂石桩（碎石桩、灰土桩、OG 桩、低强度等级桩等）

利用沉管制桩机械在地基中锤击、振动沉管成孔或静压沉管成孔后，在管内投料，边投料边上提（振动）沉管形成密实桩体，与原地基组成复合地基。

（3）夯击碎石桩（块石墩）

利用重锤夯击或者强夯方法将碎石（块石）夯入地基，在夯坑里逐步填入碎石（块石）反复夯击，以形成碎石桩或块石墩。

5. 拌和法

拌和法包括以下两种：

（1）高压喷射注浆法（高压旋喷法）

以高压力使水泥浆液通过管路从喷射孔喷出，直接切割破坏土体的同时与土拌和并起部分置换作用。凝固后成为拌和桩（柱）体，这种桩（柱）体与地基一起形成复合地基。也可以用这种方法，形成挡土结构或防渗结构。

（2）深层搅拌法

主要用于加固饱和软黏土。它利用水泥浆体、水泥（或石灰粉体）作为主固化剂，应用特制的深层搅拌机械将固化剂送入地基土中与土强制搅拌，形成水泥（石灰）土的桩

（柱）体，与原地基组成复合地基。水泥土桩（柱）的物理力学性质取决于固化剂与土之间所产生的一系列物理、化学反应。固化剂的掺入量及搅拌均匀性和土的性质，是影响水泥土桩（柱）性质及复合地基强度和压缩性的主要因素。

施工重点：定位；浆液配制；送浆；钻进喷浆搅拌；提升搅拌喷浆；重复钻进喷浆搅拌；重复提升搅拌；当搅拌轴钻进、提升速度为（0.65～1.0）m/min 时，应重复搅拌一次；成桩完毕，清理搅拌叶片上包裹的土块及喷浆口，桩机移至另一桩位施工。

6. 加筋法

加筋法包括以下两种：

（1）土工合成材料

一种新型的岩土工程材料。它以人工合成的聚合物，如塑料、化纤、合成橡胶等为原料，制成各种类型的产品，置于土体内部、表面或各层土体之间，发挥加强或保护土体的作用。土工合成材料可分为土工织物、土工膜、特种土工合成材料和复合型土工合成材料等类型。

（2）土钉墙技术

土钉一般通过钻孔、插筋、注浆来设置，但也有通过直接打入较粗的钢筋和型钢、钢管形成土钉。土钉沿通长与周围土体接触，依靠接触界面上的黏结摩擦阻力，与其周围土体形成复合土体。土钉在土体发生变形的条件下被动受力，并主要通过其受剪作用对土体进行加固。土钉一般与平面形成一定的角度，故称为斜向加固体。土钉适用于地下水位以上或经降水后的人工填土、黏性土、弱胶结砂土的基坑支护和边坡加固。

7. 灌浆法

利用气压、液压或电化学原理，将能够固化的某些浆液注入地基介质中或建筑物与地基的缝隙部位。灌浆的浆液可以是水泥浆、水泥砂浆、黏土水泥浆、黏土浆、石灰浆及各种化学浆材，如聚氨酯类、木质素类、硅酸盐类等。根据灌浆的目的，可分为防渗灌浆、堵漏灌浆、加固灌浆等。按灌浆方法，可分为压密灌浆、渗入灌浆、劈裂灌浆和电化学灌浆。灌浆法在水利、建筑、道桥及各种工程领域有着广泛的应用。

通过上述对软弱地基的特点、软弱地基形成的原因进行分析，工程设计时应当依据地探报告对拟建区域内的地基土的组成及力学性质，在设计阶段进行必要的核算，选用合理的基础形式；在实际施工过程中，坚决按照施工流程对地基进行处理，把好原材料选用关和施工质量关，使地基承载力要求达标，使新建项目安全、可靠。

三、施工质量控制

（一）水泥稳定碎石基层施工质量控制

水泥稳定碎石是一种半刚性基层，因其强度高、稳定性好、抗冲刷能力强及工程造价低等特点，被广泛应用于高等级公路基层施工中。但水泥稳定碎石的性能必须通过骨料（也称集料）的合理组成设计和有效施工控制才能实现，以避免其他方面的不足，如性脆、抗变形能力差，在温度和湿度变化及车辆荷载作用下易产生裂缝，从而导致路面早期破坏，缩短路面的使用寿命。

1. 原材料的组成设计

（1）水泥

水泥的选用关系到水泥稳定碎石基层的质量，应选用初凝时间 3 h 以上和终凝时间较长（宜在 8h 以上）的水泥。不应使用快硬水泥、早强水泥及受潮变质的水泥。水泥是水泥稳定碎石基层的重要黏结材料，水泥用量的多少不仅对基层的强度有影响，还对基层的干缩特性有影响。水泥用量太少，水泥稳定碎石基层强度不满足结构承载力要求；太多则不经济，反而会使基层裂缝增多、增宽，引起面层的反射裂缝。所以，必须严格控制水泥用量，做到既经济合理，又确保水泥稳定碎石基层的施工质量。

（2）碎石

石料最大粒径不得超过 31.5 mm，骨料压碎值不得大于 30%；石料颗粒中细长及扁平颗粒含量不超过 11%，并不得掺有软质的破碎物或其他杂质；石料按粒径可分为小于 9.5mm及 9.5~31.5mm 两级，并与砂组配，通过试剂确定各级石料及砂的掺配比例。

（3）天然砂

砂进场前应对砂的表观密度、砂当量、筛分试验和含泥量等进行试验，在进料过程中再进行颗粒分析和含泥量检测，有必要时进行有机质含量和硫酸盐含量试验检测。

（4）配合比

混合料中掺加部分天然砂，可增加施工和易性，减少混合料离析，使路面结构层具有良好的强度和整体性。

2. 水泥稳定碎石试验段

为使水泥稳定碎石基层施工程序化、规范化和标准化，施工单位必须要认真做好试验段，试验段的长度不得少于 100m，对其进行总结，掌握施工中存在的问题和解决方法，

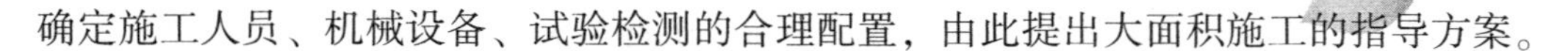

确定施工人员、机械设备、试验检测的合理配置，由此提出大面积施工的指导方案。

3. 混合料的拌和

（1）拌和及含水量的控制

采用集中搅拌厂拌和施工，拌和设备的工作性能、生产能力、计算准确性及配套协调是控制混合料拌和质量的关键，建设单位及监理应对稳定碎石的拌和设备进行统一要求，除按投标文件承诺的拌和设备可以进场外，拌和设备必须是强制式的，且新购置的设备只能在一个施工项目中使用，拌和能力不小于 60t/h，并配有电子计量装置，加强设备的调试，拌和时应做到配料准确、拌和均匀，拌和时的含水量宜比最佳含水量大 0.5%~1.0%，以补偿施工过程中水分蒸发带来的损失，且应根据骨料含水量的大小、气候、气温变化的实际情况及运输和运距情况，及时调整用水量，确保施工时处于最佳含水量状态。

（2）水泥用量的控制

水泥用量是影响水泥稳定碎石强度和质量的重要原因。考虑到各种施工因素及设备计量控制的影响，现场拌和的水泥用量要比试验室配比的剂量大，一般要比设计值多用0.3%~0.5%，但总量不能超过 3%，发现偏差应及时纠正。

4. 混合料的施工程序

施工放样→立模→摊铺（检查含水量）→稳压→找补→整形→碾压（检查验收）→洒水→养护。

（1）混合料的运输

由于路面各合同段的施工长度有限，每个施工单位只能设立一处混合料拌和站，若混合料的运距较远，就须用大吨位（12~15 t）自卸车辆运送，并加盖篷布。施工单位应认真掌握混合料的情况，保证混合料从出料到摊铺不超出 2 h，超过规定时间的混合料不得使用。

（2）混合料的摊铺

水泥稳定碎石的摊铺质量直接影响到路面的使用耐久性，要求使用 ABC 系列摊铺机全幅摊铺或使用两台窄幅摊铺机梯级形摊铺。混合料的松铺系数可通过试验段确定，一般可控制在 1.28~1.35 范围内。要保证水泥稳定碎石的施工质量，必须注意以下五点：

①摊铺前，对底基层标高进行测量检查，每隔 10 m 检查一个断面，每个断面查 5 个控制点，发现不合格时须进行局部处理，并将底基层表面浮土、杂物清除干净，洒水保湿。

②测量放样也是保证施工质量的关键，应保证施工放样及时，平面位置、标高得到有

效控制。摊铺机就位后，要重新校核钢丝绳的标高。加密并稳固钢丝绳固定架，拉紧钢丝绳，固定架由直径 16~18 mm 的普通钢筋加工而成，长度一般为 70 cm 左右，钢丝绳采用直径 3 mm，固定架应固定在铺设边缘 30 cm 处，桩钉间距以 5 m 为宜，曲线段可按半径大小适当加密。

③摊铺过程中，摊铺机的材料输送器要配套，螺旋输送器的宽度应比摊铺宽度小 50 cm 左右，过宽会浪费混合料；过窄会使两侧边缘部位 50 cm 范围内的混合料摊铺密度过小，影响摊铺效果，必要时可用人工微型夯实设备对边部 50 cm 范围内进行夯实处理。由于全幅摊铺，螺旋输送器传送到边缘部位的混合料容易出现离析现象，应及时换填。摊铺时应采用人工对松铺层边缘进行修整，并对摊铺机摊铺不到位或摊铺不均匀的地方进行人工补料，确保基层平整度。

④使用两台窄幅摊铺机梯级形摊铺时，两台摊铺机的作业距离应控制在 15 m 以内，并注意两次摊铺结合处的保湿及处理。进行第二层水泥稳定碎石摊铺时，为利于两层的结合，建议在第一层水泥稳定碎石层上均匀洒浇水泥稀浆。摊铺过程中，还应兼顾拌和机出料的速度，适当调整摊铺速度，尽量避免停机待料的情况。在摊铺机后配设专人消除粗骨料离析等现象，铲除离析、过湿、过干等不合格的混合料，并在碾压前添加合格的拌和料进行填补和找平。

⑤施工冷缝的处理：对于施工作业段或机械故障原因出现的作业冷缝，在进行下次摊铺前，必须在基层端部 2~3m 进行挖除处理，强度满足要求时，可由切割机进行切割，保证切割断面的顺直和清理彻底，并可在接缝处洒水泥浆，以方便新旧混合料结合。

5. 混合料的碾压

（1）摊铺完成后，应立即进行碾压，上机碾压的作业长度以 20~50m 为宜。作业段过长，摊铺后的混合料表面热量散失过大会影响压实效果，使作业段过短，因而在两个碾压段结合处压路机碾次数不一样，将会出现波浪状。

（2）碾压机械的配置及碾压次数由水泥稳定碎石试验结果来确定，机械配置以双光轮压路机与胶轮压路机相结合，并遵循光轮静压（稳压）——胶轮提浆稳压的原则进行，稳压应不少于 2 次，振压不少于 4 次，胶轮提浆不少于 2 次，压路机碾压时可适当喷水，压实度达到重型击实标准 98%以上。

（3）碾压时，应遵循先轻后重、由低位到高位、由边到中、先稳压后振动的原则，碾压时控制混合料的含水量处于最佳值。错轴时应重叠 1/2 幅宽，相邻两作业段的接头处按 45°的阶梯形错轮碾压，静压速度应控制在 25m/min，振动碾压速度控制在 30m/min，严禁压路机在已完成或正在碾压的水泥稳定碎石上紧急制动或调头。

（4）在光轮静压（稳压）时，若发现有混合料离析或表面不平，可由人工更换离析混合料或进行找补处理。进行第二层水泥稳定碎石摊铺时，为利于两层的结合，建议在第一层水泥稳定碎石上均匀洒浇水泥稀浆。

（5）水泥稳定碎石基层进行压实度检测时，要求全部范围都应达到规范规定的压实度要求，一般碾压 6~8 次，最后用 14t 的压路机进行光面，以确保基层表面达到平整、无轮迹和隆起，外观应平整、光洁。

6. 质量控制要点

（1）要严格控制水泥用量，水泥用量宜控制在 5.5%。水泥用量太高，强度可以保证，但其抗干缩性能就会下降；水泥用量太低，基层强度难以保证。

（2）基层混合料应具有嵌挤结构，31.5 mm 以上颗粒的含量不应少于 65%。集料应尽可能不含有塑性细土，小于 0.075 mm 的颗粒含量不能超过 5%~7%，以减少水泥稳定材料的收缩性和提高其抗冲刷能力，混合料摊铺时应尽量减少骨料离析现象。

（3）为减少干缩裂缝的产生，可采取如下措施：选择合适的基层材料和组成设计；减少骨料中的黏土含量，以控制骨料中细骨料的含量和塑性指数；在保证满足基层强度要求的前提下，尽可能减少水泥用量；严格控制混合料碾压时的含水量处于最佳状态；减少水稳基层的暴晒时间，养护期结束后，立即铺筑罩面层。

（4）在混合料中加入适量的膨胀剂，对早期干缩裂缝的产生有一定的抑制作用，并在一定程度上提高水泥稳定碎石基层的抗弯拉强度。

（5）水泥稳定碎石基层碾压完成后 7 d 内，养护条件至关重要，必须进行湿法养护，有效解决其抗干缩和温缩性能。

7. 养护及交通管制

每一碾压段碾压完成并经压实度检查合格后，应立即养护，严禁将新成型的基层暴晒。宜采用覆盖洒水养护，具体做法为：预先将麻袋片或土工布湿润，人工覆盖在基层顶面，2h 后用洒水车洒水养护。养护期不少于 7d，7d 内保持基层处于湿润状态，28d 内正常养护。用洒水车洒水养护时，洒水车的喷头要采用喷雾式喷管，不得用高压式喷管，以免破坏基层结构。养护期间应定期洒水，安排专人经常检查基层表面潮湿状态和洒水的均匀性，根据天气情况随时调整洒水次数，始终保持基层表面潮湿。养护期间封闭交通，禁止车辆通行。

（二）黄灰土基层施工质量及防治措施

黄灰土基层的使用受设计、施工、环境等因素的影响，并易产生各种工程质量问题，分析其成因后提出以下具体预防措施：

1. 黄灰土工程勘察设计控制

岩土勘查等级及地基基础设计等级、建筑类别的正确确定是灰土工程设计质量的前提和依据，并应在设计文件中提出湿陷性黄土地区建筑物施工、使用及维护的防水措施的具体要求，从而保证建筑安全。灰土垫层法处理地基常见的设计问题：灰土垫层的厚度不够，地基处理后剩余湿陷量不能满足要求；灰土垫层的平面处理范围不能满足规范要求；灰土垫层的承载力取值较高而又没有验算下卧软弱素土垫层的承载力；灰土及土垫层厚度超过 5m 厚的深基坑未进行支护设计，造成基坑塌方；设计要求的地基承载力试验点不足；等等。

灰土挤密桩、孔内深层夯扩挤密桩和灰土井桩法处理地基常见的设计问题：地基处理深度不足，剩余湿陷量超出规范要求；处理平面范围超出基础外边缘尺寸过小，造成防水隐患；桩孔直径的确定未考虑夯实设备和方法，设计与施工现场实际情况不符；按正三角形布孔计算桩孔间距时依据土的最大干密度不具代表性，又未提出施工前试桩调整设计参数的要求，造成桩孔间距过大或过小；基坑底及桩顶标高控制不准确；复合地基承载力特征值过高或过低；设计要求的现场单桩或多桩复合地基载荷试验点数量不足；未要求载荷试验提供变形模量来验证设计的地基变形等问题。

应通过初步设计评审、设计单位施工图三级校审制度、施工图审查来解决灰土工程的勘察设计问题，设计审查答复意见及修改的图纸应作为设计文件的一部分及时交付建设各方使用；对施工期间出现的异常状况必须通过设计单位来处理，设计变更资料应及时归档。

2. 黄灰土工程勘查施工控制

（1）灰土配合比的应用

灰土中土料和熟石灰体积比例不准确，没有认真过筛拌匀或将石灰粉均匀撒在土的表面，造成石灰含量偏差很大，局部粗细颗粒离析导致松散起包或地基软硬不一，灰土地基承载力、稳定性、抗渗性降低，压实系数离散而被评定不合格；塑性指数高的土遇水膨胀，失水收缩，土较石灰对水更敏感，土的比例越大，灰土越易出现裂缝；欠火石灰的碳酸钙由于分解不完全而缺乏黏结力，过火石灰则在灰土成型后才逐渐消解熟化、膨胀引起灰土“蘑菇”状隆起开裂。黄土可采用就地挖出或外运的土方，最大颗粒不大于 15 mm，塑性指数一般控制在 12~20，使用前应先过筛，清除杂质；石灰可采用充分消解的质量等级Ⅲ级以上的消石灰粉，不得含有 5 mm 以上的生石灰块，控制欠火石灰和过火石灰含量，活性氧化物含量不少于60%，使用前应过筛，存放应采取设棚等防风避雨措施，石灰遭雨淋失效或搁置时间过长活性降低，须复检、加灰。符合要求的土、灰按虚方体积比例拌和2次或3次，混合料颜色应一致，分层铺设后在24 h内碾压，以避免石灰土中钙镁含量的衰减。对于黏粒含量多于60%、塑性指数大于25的重黏土可分两次加灰，第一次加一半生石灰闷料约2～3d，降低含水量后，土中胶状颗粒能更好地结合，再补足剩余灰进行拌和。

（2）灰土含水量的控制

根据施工时气温及时调整灰土的含水量，在最佳含水量的±2%范围内变化碾压，否则可能出现干、湿“弹簧”。过湿碾压出现颤动、扒缝及“橡皮泥”，碾压时如果表层过湿，灰土会被压路机轮子黏起；表层过干，不用振动压路机时，压实度无法满足要求，振动碾压时又易发生推移而起皮，碾压成型后，洒水又不能使水分渗透到灰土内部，造成干缩裂缝。

灰土混合料接近最佳含水量时可做到“手握成团，落地开花”，碾压前土料水分过大或遭雨淋时，应晾晒，加入生石灰后可降低含水量约5%；含水量过小时应洒水润湿，避开午间高温，随拌随压；碾压成型后，如不摊铺上层灰土，应不断洒水养护，加速灰土的结硬过程。

（3）试验段施工质量控制

灰土试验段施工可以确定压实机械型号、碾压基本原则、分层虚铺厚度及压实后厚度，测定最佳含水量。试验中发现质量问题后对上述因素进行分析，查明原因后调整参数，试验成功后再大规模施工。

（4）灰土常见裂缝

灰土作业段过长时，不能在有效时间内碾压成型，突然降雨造成施工中断后，部分勉强成型的灰土可能会出现“结壳”“龟裂”；灰土拌和机性能不佳、机械操作人员水平不高、下承层顶面不平等因素，可能会造成基层的下部存在夹层，碾压方式不当，易产生壅包现象；施工场地狭小，将分段开挖或其他基坑内开挖的土方大量堆在已压实的灰土地基上，超载引起灰土表面大面积较深的锅底状沉降裂缝；基坑下存在未探明的孔洞、墓穴、枯井等，地基受力后塌陷开裂渗水沉降；成型后的灰土养护不及时，1～2 d内灰土水化反应后失水，体积减小，产生干缩，降温时体积收缩，灰土表面易产生大量裂缝，高温时尤为明显，这种开裂如果不与土质互相影响，则开裂程度轻微且深度较浅，否则将产生较深、较宽、面积较大的龟裂。灰土碾压时，应根据投入的压实机械台数及气候条件，合理选择作业面长度；碾压时遵循“先轻后重”“先边后中”“先慢后快”、直线段“先两边后中间”、曲线超高段“先内后外”的原则，连续碾压密实；避免在压实灰土地基上超载堆土；基坑底探孔布置应 1 m 见方，深度应不少于 4 m，探孔用三七灰土捣实以免漏水，地基受力层内探明的孔洞、墓穴、地道等必须彻底开挖，遇孤石或旧建筑物基础时必须清除，用灰土夯实；灰土成型后及时回填基坑，否则覆盖养护 7 d 以上。

（5）灰土表面不平整

灰土分层铺设标高控制不严或标高点间距过大，灰土验收厚度不足，用 50 mm 以下的灰土贴补碾压时容易导致起皮；房心灰土表面平整偏差过大，又未进行最后一次整平夯实，会使地面混凝土垫层厚薄不均匀，造成地面开裂、空鼓。

灰土摊铺厚度宜留有余地，整平时加密控制标高点间距，技术人员应及时复核，避免薄层补贴，对已经出现凹凸不平的部位应修平后补填灰土夯实，最后再满夯一次。

（6）灰土接搓不当

如果基坑过长，分段碾压灰土时没有分层留槎或接槎处灰土未搭接，未严格分层铺填夯打，可能造成接槎部位不密实、强度降低、防水效果变差，地基浸水湿陷沉降后，使上部建筑开裂。灰土水平分段施工时，不得在墙角、桩基和承重窗间墙下接搓，接槎时每层虚土应从留搓处往前延伸 500 mm；当灰土地基高度不同时，应做成阶梯形，每阶宽不少于 500 mm；铺填灰土应分层并夯打密实；对做结构辅助防渗层的灰土应将水位以下结构包围封闭，接缝表面打毛，并适当洒水润湿，使紧密结合部渗水，立面灰土先支侧模，打好灰土，再回填外侧土方。

（7）灰土早期泡水软化

基坑回填前或基础施工遭遇雨期，基坑积水或排水不畅，灰土表面未做临时性覆盖，灰土地基受水浸泡后疏松，抗渗性下降。施工单位应编制雨期施工方案备用，遇雨前抢压灰土，保住上层封下层，用防雨布覆盖压完的灰土，下雨时应停止碾压，及时抽水、排水，避免基坑浸泡。灰土完成后及时进行基础施工和基坑回填，否则表面进行临时性覆盖，保证灰土压成后 3d 内不受水浸泡；尚未夯实或刚夯打完的灰土如果遭受雨淋浸泡，应将积水和松软灰土除去并补填夯实，稍受浸湿的灰土晾干后再夯打密实。

（8）灰土受冻胀后引起疏松、开裂

冬春季降温时施工，在受冻的基层上铺设掺杂有冻块的灰土料，或夯完后未及时覆盖保温，灰土受冻后自表面起一定厚度内疏松或皲裂，灰土间黏结力降低，承载力明显降低或者丧失。

当气温不低于-9℃、冻结历时不超过 6 h、灰土含水量不大于 13%时，压实灰土不受冻结的影响。冻结使土中水逐渐成冰导致土体冻胀，冰的强度远高于灰土土体，抵消了部分压实功，使压实质量降低。灰土冻结历时越长，孔隙水冻结越充分，大孔隙中水先冻结，把大颗粒顶起，随着小孔隙水冻结将大颗粒向上抬升，造成热筛效应，影响灰土碾压效果，而且温度越低，冻结历时越长，影响越大。

冬春季施工现场控制平均温度不宜低于5℃，最低温度不宜低于-2℃，灰料、土料应覆盖保温。夹有冻块的土料不得使用；已熟化的石灰应在次日用完，以充分利用石灰熟化时的热量；灰土随拌随用；已受冻胀变松散的灰土应铲除，再补填夯打密实，否则应边铺边压，尽量减少冻结历时；压好的土体立即用草帘或彩条布盖好，防止冻胀，越冬时应覆盖足够厚的素土，压实后对灰土地基进行保护。

（9）地基土含水量异常

采用垫层法处理地基时，基坑底上层局部含水量过大时可深挖晾晒或换填好土，或用小直径洛阳铲成孔的生石灰桩吸水挤密处理；基坑表层过湿可撒生石灰粉吸水；近河岸或地下水位较高的基坑内为淤泥质土时可抛石挤淤，依次间隔打大直径生石灰砂石桩以降低含水量，稳定土层后先压级配砂石，再压灰土，以上几种措施均可避免灰土碾压时出现橡皮土。

超前止水后浇带外伸悬臂部分每边宽出后浇带约250 mm，缝宽大于30 mm，混凝土厚度为250 mm，其强度等级为C35。止水钢板厚度为3 mm，标准的粘土砖尺寸是240×115×53 mm，加上砌筑用灰缝的厚度8~10 mm，正好4块砖长加灰缝为1 m，8块砖宽加上灰缝为1 m，16块砖厚加上灰缝为1 m，合起来方1 m^3 砖砌体。钢筋直径须经过设计部分验算，根据现场实际做出调整。

（三）降雨对边坡稳定性的影响及其防护

现在由于气候的反常变化，历时长、强度大的大雨和暴雨已成为导致边坡失稳破坏的重要因素。从建筑角度看，现在考虑的降雨对边坡稳定性影响，主要是饱和—非饱和土理论的研讨及降雨过程中渗流场的变化对边坡稳定性的影响。下面，从饱和—非饱和及渗流的理论、降雨入渗影响边坡稳定性的分析方法和机理、现场及室内试验现状方面对国内研究现状进行分析总结，并对存在问题及发展方向提出探讨。

1. 降雨条件下饱和与非饱和渗流问题

早期降雨对边坡稳定性的影响主要是应用饱和土理论，尽管当时的理论水平并不高，但是同样解决了当时很多的实际问题，并提出了很多的理论模型。

2. 降雨入渗影响边坡稳定性的分析方法和机理

（1）降雨入渗条件下边坡稳定性分析方法

降雨对边坡的影响过程可以表述为：降雨入渗→土体自重的增加，抗剪强度指标的降低及孔隙水压力的上升→土体的破坏。针对这一过程的分析，主要采用将渗流简化计算的极限平衡法、极限分析法和有限元法，这些方法各有特点。极限分析法应用最早，积累经验多且应用比较广泛，也得到认可；极限分析法更加贴近实际，实用性强；有限元法可以详细计算得到边坡内较详细的单元应力、应变及节点位移等信息。

①极限平衡法是最为有效的研究降雨入渗对边坡稳定性影响的方法，可利用渗流分析软件，求得雨水入渗暂态渗流场，采用极限平衡法了解降雨对边坡稳定性的影响。同时，针对降雨过程中边坡土体内部渗流情况进行研究，并得出在降雨条件下不断软化、黏聚力与内摩擦角不断下降的结论，对于降雨过程中边坡稳定性，实际工程中一般采用简化方法粗略计算渗流的作用，然后采用极限平衡法进行分析。

②极限分析法是有人建立了塑性力学极限分析的上下限理论。有人利用极限分析法的上下限定理对降雨条件下土体内部饱和与非饱和土体的渗流进行了分析，并提出非饱和渗流计算出的边坡安全系数要比饱和渗流理想状态计算出的安全系数大的结论。尽管在进行边坡稳定分析方法方面用到的极限分析方法较多，但是在结合降雨的条件下用极限分析方法研究得却较少。如何将极限分析法的优点有效地应用到降雨对边坡稳定性的研究中，仍然任重而道远。

③有限元法是将有限元用于降雨入渗过程中边坡土体的渗流场和应力场，并进行求解。所得的渗流过程中有效应力和孔隙水压力分布与简化的极限平衡法相比较，不仅更符合实际情况，而且能够详细描述边坡土体的整个渐进破坏过程。利用有限元法对降雨条件下边坡土体内部渗流进行分析，并且得出随着降雨时间的延长，边坡稳定性变化主要受上游裂缝的控制。为了更加有效地求得安全系数，有人提出了有限元强度折减法，这一方法已成功用于边坡稳定性的分析中。

（2）降雨渗入影响边坡稳定性的机理

在降雨入渗条件下，雨水对边坡土体起到了加载作用，也就是雨水使土体的含水段增大，重量变大，从而使滑移面的剪力加大；同时，由于雨水的渗入改变了边坡土体的力学性能，造成其内聚力下降，基质吸水率减弱，抗剪强度降低。边坡土体的自重增加和强度降低，这两个不利因素在雨水入渗过程中影响边坡的稳定性，当达到一定程度就会使边坡失稳。某些学者通过试验分析表明，降雨前边坡的塑性区不存在或者只在坡角处非常小的范围内。随着降雨时间的延续，塑性区范围不断延伸扩展，最后形成潜在滑裂面而造成失稳破坏。

3. 降雨对边坡稳定性影响的研究状况

（1）现场试验情况

现场试验由于有比数值模拟分析更加直接的效果，其借助自然边坡场地测量降雨后边坡土体内部的含水率和基质吸力，并对边坡雨水渗流模型进行分析，主要考虑土体的渗流状态。但是，由于现场试验时间比较长，费用高且设备复杂，在工程实践中不能得到广泛应用。针对实际需要，相对时间短、费用低且表达直接的室内模型试验得到了更加广泛的研究应用。

（2）室内模型试验

能直观地观察边坡变形及破坏过程，同时还可以模拟各种较复杂的工程情况，也是边坡破坏机理分析、理论计算模拟、工程设计施工等结果的验证方法。其中，离心模拟试验以其用人工塑造具有工程地质特征和对环境造成影响的边坡，再现自重应力场及与自重有关的变形过程，并可以根据需要灵活地调整各种控制参数，直观揭示变形和破坏的状况，成为模拟试验中应用在边坡稳定性分析方面最为广泛的手段。

针对降雨渗入对边坡稳定性影响的离心模拟，模拟尺寸的稳定、试验材料的选择、边界效应问题及降雨工况的模拟都会影响到试验的准确性。在已有的模拟降雨方法中，若通过改变制样时的含水量来代替不同时间规模的降雨，用注水浸泡来模拟不同时间的雨水渗入，在边缘顶端实现局部降水仍不够理想。如何准确选取合适的模型尺寸、选取试验材料、处理边界效应达到提高试验精度的目标，仍然没有标准的方法。现在普遍采用的离心模拟试验方法，主要针对边坡开挖、降雨渗入等影响进行探讨，其探讨主要集中在对实际边坡稳定性的评价或边坡形状、边坡材料性质、加载方式、边坡土体变形等因素对稳定性的影响及破坏机理等方面，而涉及降雨条件下边坡土体内部应力状态方面的研讨比较少。对此应进一步开展降雨渗入对边坡稳定性的影响模拟试验，对试验取得的数据开展相应的验证工作不可缺少。

4. 简要总结

（1）理论研究方面，降雨渗入是非线性并与时间有关的过程。在非饱和土理论中，准确建立渗流模型来确定渗透系数还需要深入研究。在降雨对边坡影响研讨过程中，虽然重视到基质吸力的作用，并采取多种方法对渗流场及边坡稳定性进行计算分析，但基质吸力对边坡稳定性作用始终未能在具体工程中应用。极限分析法用于边坡降雨研究相对较少，且缺少必要的数据模拟加以验证，需要进一步探讨如何利用极限分析法的优势，提高降雨渗入对边坡稳定性分析的准确度。

现在的研究主要集中在降雨渗入过程中边坡破坏位移变化情况和渗透系数、降雨强度、土水特征曲线的选定对边坡稳定性的影响。而对土体内部应力、孔隙水压力、土体参数及边坡坡度因素的变化对边坡稳定性影响的研究相对较少。因此，如何正确模拟在各种影响因素综合条件下，降雨渗入对边坡内部水分移动规律的影响仍有待加强。

（2）试验研究方面，由于受到现场环境条件限制及在高速旋转的离心模型机上进行降雨模拟量控制难度较大原因的影响，针对降雨渗入对边坡稳定性影响的离心模拟试验，主要集中在降雨渗入引起的边坡变形情况的研究，而涉及降雨条件下边坡土体内部应力变化规律还是较少，并且与现场试验相比，设置土体参数时如何确定合适的相似比难度仍然比较大。同时，在考虑土体中存在隔水层和远方补给的情况下分析土体的内部渗流情况，测定孔隙水压力变化产生的影响，分析土体破坏临界状态时的应力状态和孔隙水压力大小方面还存在不足。针对试验测得孔隙水压力、土压力、浸透线的变化情况，对比分析相关理论成果，总结得出在具有实际应用意义的降雨过程中，在不同工况情况下边坡内水分运动的规律、渗流变化仍然需要加强探索。都是把理论分析和模拟试验进行单独研究，没有考虑所得结论各自的优点并进行分析、比较和取长补短，使降雨渗流对边坡的稳定性得到有效防范。

（四）地基基础质量检测注意事项

地基基础质量与工程建设的安全紧密相关，从事地基基础质量检测工作的责任重大。在工作中，监督管理人员会接触各种建设工程项目，如工业及民用建筑系统、水利水电、公路等从事地基基础检测的项目或单位，对现行规范的理解存在不同程度的偏差，在此提出常见问题供探讨，其目的是不断提高检测水平并对规范有更全面的理解。

1. 低应变检测桩身完整性

低应变法是检测桩身完整性的方法之一，快速、较为准确、经济是其最大的特点，应用非常广泛，得到了广大检测工作者的青睐。但有很多检测人员用低应变法计算单桩波速，据此确定桩身强度。根据实测的桩身应力波速度时程曲线判定桩身的完整性。桩身波速平均值的确定是低应变检测中非常重要的一个环节，其方法如下：

①当桩长已知、桩底反射信号明确时，在地质条件、设计桩型、成桩工艺相同的基桩中，选择不少于 5 根 I 类桩的桩身波速值计算其平均值。

②当无法根据①确定时，波速平均值可根据本地区相同桩型及成桩工艺的其他桩基工程的实测值，结合桩身混凝土的骨料品种和强度等级综合确定。

2. 声波透射法

声波透射法适用于已埋声测管的混凝土灌注桩桩身完整性检测，判定桩身缺陷的程度并确定其位置。

（1）现场检测前的准备工作

①采用标定法确定仪器系统延迟时间。②计算声测管及耦合水层声时修正值。③在桩顶测量相应声测管外壁间的净距离。④将各声测管内注满清水，检查声测管的畅通情况，换能器应能在全程范围内升降顺畅。在测定仪器系统延迟时间时，有将径向换能器平行紧贴置于水中进行测量的；也有将系统延迟时间和声测管及耦合水层声时修正值统一测定的，将埋管用的钢管取两小段，平行紧靠置于水桶之中，再将径向传感器放入钢管中，测定的结果视为“系统延迟时间和声测管及耦合水层声时修正值”；更有甚者，将径向换能器置于地上十字交叉放置，将实测结果作为系统延迟时间输入仪器。

（2）声波透射法工作中应当注意的问题

①配备检定合格的温度计，测定耦合水的温度，用于声测管及耦合水层声时修正值的计算；②配备检定合格的长度计量器具；③确保灌注的声测用耦合水为清水，若为浑浊水，将明显加大声波衰减和延长传播时间，给声波检测结果带来误差；④实测时，传感器必须从孔底向孔口移动；⑤实测过程中应及时查看实测结果，对异常点、段应采用检查、复测、细测（指水平加密、等差同步和扇形扫测）等手段排除干扰和确定异常，不得将不能解释的异常带回室内；⑥对于参与分析计算的剖面数据，应分析剔除声测管埋置不平行的数据；⑦对于临时性的钻孔声波透射特殊情况，钻孔是否平行将对结果产生严重的影响，在不能确定钻孔保持等间距或钻孔情况已知的条件下，不适于开展声波透射。

3. 锚杆载荷试验

锚杆载荷试验中，锚杆的类型、锚杆适用的条件等符合相应的规范和标准。锚杆有全黏结型的，也有非全黏结型的，载荷试验中反力是否作用在锚杆拉力影响范围外，这对于准确判定锚杆承载力是否满足设计要求非常重要，如果作用区域在锚杆（特别是全黏结型锚杆）拉力影响范围内，实测结果不能准确反应锚杆的拉力，则可能是锚杆杆体握固力的表现，错误的检测结果将误导设计，给工程造成安全隐患。

在锚杆验收试验中，其合格判定的一个标准是：锚杆在最大试验荷载下所测得的弹性位移量（总位移减去塑性位移），应超过该荷载下杆体自由段长度理论弹性伸长值的80%，且小于杆体自由段长度与1/2锚固段长度之和的理论弹性伸长值。这个判定标准非常重要，是锚杆安全的重要保证，“该荷载下杆体自由段长度理论弹性伸长值的80%”是判定有自由段设计时，对施工完成的锚杆的自由段长度进行的保证。如果未达到这个要求，说明自由段长度小于设计值，当出现锚杆位移时，将增加锚杆的预应力损失；当边坡有滑动面时，锚杆未能穿过滑动面而作用在稳定地层上，工程将存在严重的安全隐患。若测得的弹性位移大于“杆体自由段长度与1/2锚固段长度之和的理论弹性伸长值”，则说明在设计的有效锚固段注浆体与杆体的黏结作用已经破坏，锚杆的承载力将严重削弱，甚至将危及工程安全。

4. 静载试验基准桩、基准梁

在载荷试验中，基准桩及基准梁使用不当将对检测结果产生影响，检测试验人员应引起足够的重视。基准桩应使用小型钢桩打入地表下一定深度，确保不受地表振动及人为因素干扰的影响，不得使用砖块等物代替基准桩。基准梁应具有一定的刚度，梁的一端应固定在基准桩上，另一端应简支于基准桩上，基准梁应避免气温、振动及其他外界因素的影响，夜间工作时应避免大能量照明器具对基准梁烘烤引起的变形影响，特别是局部照射；白天工作时避免太阳直射部分的基准梁引起强烈的变形。就基准梁的刚度因素、温度影响因素进行试验，其影响结果如下：

①温度变化将对基准梁产生较大的变形，影响载荷试验的稳定性。试验是在一个大棚内按照规范要求安装基准桩、基准梁，记录温度和基准梁的变形，一天中温度变化引起了基准梁的变形，其变形值不容忽视，这是在均匀温度作用下的结果，如果基准梁受到不均匀温度影响，变形会更大。

②不同刚度基准梁受温度影响的试验，在同样的大棚内使用I10号、I16号、I20号基准梁进行试验，在一天的温度变化中，刚度大的I20号变形最小，刚度较小的I10号变形较大。所以，在载荷试验工作中，应选用刚度较大的基准梁，可以较大限度地避免温度变化对基准梁变形的影响。

5. 统一载荷试验曲线坐标

在编写载荷试验报告时，对同一工程较多的单位使用一个载荷试验点做一条Q-s或P-s曲线的办法，并且采用不同的沉降纵坐标（沉降量满格处理）成图，使得查看静载结果时不能很好地反映总静载效果，缺乏静载点之间的可比性。根据规定：除Q-s曲线、s-lgt曲线外，还有s-lgQ曲线。同一工程的一批试桩曲线应按相同的沉降纵坐标比例绘制，满刻度沉降值不宜小于40mm，使结果直观，便于比较。此条可推而广之到地基的所有载荷试验之中，以改善静载结果的可读性、直观性和可比性。

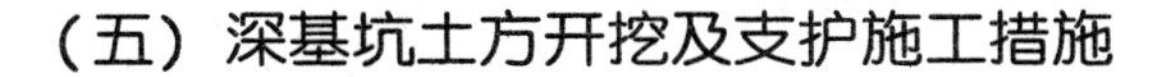

（五）深基坑土方开挖及支护施工措施

深基坑是指从自然地面向下开挖深度超过 5 m 的基坑，包括基槽的上方开挖、支护及降水工程。或者开挖深度虽然未超过 5 m，但周围环境和地质构造、地下管线复杂，影响到毗邻建筑物安全的基坑。下面介绍的是某污水处理厂地下调节池工程，地下水位较高，在地面以下 0.5 m，土质为亚黏性土。基础开挖深度在地面以下 8.3 m，地下水池工程的建筑面积为 3500 m^2。

1. 深基坑开挖及支护安全问题分析

深基坑的开挖和支护安全是个核心问题，支护施工技术更加重要。支护施工的目的是为保证地下结构安全施工及基坑周边环境，对基坑侧壁及周边采取的支挡、加固与保护措施的施工。常见的基坑支护形式主要是：排桩支护、桩撑、桩锚、排桩悬臂、地下连续墙支护、地连墙+支撑、水泥土挡墙、钢板桩支护、土钉墙（喷锚支护）、逆作拱墙、放坡及基坑内支撑等措施。深基坑施工的特点决定了深基坑施工的技术要求。

首先，在施工时技术手段要先进、可靠，确保基坑受力稳定及支护的保护作用完全体现；其次，地下水位高、周围环境复杂、市区地下管网纵横交错时，要求施工必须充分保证不影响周围相邻建筑物的安全，保证地下管网正常运行；再次，在基坑开挖期间，合理安排运用明排降水、截水和回灌等形式控制地下水位，保证地下施工操作的安全；最后，要根据实际工程需要，选择经济、合理的施工方案，实现工程最优化。

地下结构施工及基坑周边环境的安全取决于支护体的保障。所以，深支护体系的设计、施工技术措施及水平直接关系到基坑的安全、可靠，也涉及整个工程的安全性。

2. 深基坑开挖支护的安全应用

由于工艺的需要，调节池建造在地面以下 8.3 m，排水采取周围打深井的技术措施得到解决，但边坡处理仍然是个技术难题。

（1）工艺流程

施工准备→定位放线→圆桩施工→基坑土方开挖→基坑挖 3m→基坑壁支护→基坑下挖 2m→基坑壁支护→循环下挖→挖至基底→清理检查。

（2）基坑边坡支护施工方法

①处理好施工现场的排水措施，要保证在无水条件下的干作业，减少雨水渗入土体，在坡顶用 C20 混凝土封闭，混凝土封闭宽度为 3m，并向外起坡 2%。为了有效排泄边坡渗水及坑内积水，根据地面情况在离坡顶 2m 左右设一 300 mm×300 mm 的排水沟，拦截地面

雨水。

②抗滑桩的设置施工。在基坑土方开挖前先进行抗滑排桩的施工，由于排桩的间距在3.5 m左右，直径600~800 mm，因此滑排桩的开挖用跳桩隔开形式，当已开挖的桩混凝土浇筑后，再施工空隙中的桩，待桩顶冠梁施工完成后，才能进行基坑土方的开挖。而桩身混凝土的浇筑，使用溜槽或串筒浇灌C30级混凝土。溜槽或串筒底部至混凝土表面保持在1.5 m。桩芯混凝土采用一次性方法浇筑，浇筑前清理干净并抽干孔内水。

③冠腰梁施工。当抗滑排桩的混凝土浇筑完成后，再进行冠梁施工。剔除桩顶浮浆后，再支设冠梁模板，最后绑扎梁钢筋。冠梁截面为800 mm×600 mm，腰梁截面为500 mm×500 mm，主筋搭接方式采取双面焊接形式，搭接长度不少于200 mm。箍筋采用φ8@150，钢筋完成后再支设梁侧模板，支设加固合格后在自检的基础上再报监理验收，合格后再浇筑混凝土，按规定制作试块，并认真养护。

④基坑土方开挖措施。土方开挖必须严格按照图纸要求分层进行，每层开挖深度控制在1.5 m左右，待开挖段支护施工完成，上部支护完成并达到设计强度的75%以上，才能向下进行开挖，且每段长度按20 m考虑。

⑤喷锚支护施工。根据设计要求开挖操作面，开挖深度每次在1.5 m左右，而长度在25 m以内，修整边坡。埋设喷射混凝土厚度控制标志，喷射第一层混凝土厚度大于30 mm，根据施工图进行该处标高段的锚杆或锚索成孔施工。

⑥基坑边坡沉降及位移观察。基坑支护结构设计与施工质量涉及结构及岩土问题，加之地下工程的不确定性因素太多，必须结合工程地质水文资料、环境条件，把监测数据与预控值相对比，判断前期施工工艺和参数是否符合预期要求，以确定和优化施工参数，做好信息化施工，及早发现问题，尤其是重视监督基坑外的沉降凸起变形和邻近建筑物的动态，及时采取相应措施，消除潜在的安全隐患。

（3）施工安全技术保证措施

①基坑开挖安全技术保证措施。施工前，技术人员要认真复核地质资料及地下构筑物位置走向，并掌握项目施工中可能影响到邻近建筑物基础的埋深。技术人员要根据核查后的资料，对照施工方案和技术措施，确定适宜的施工顺序，选择合适的施工方法及相应的安全措施。安全技术措施主要是：首先，采取分层分段开挖方式，开挖顺序按提前设定的方案进行，不得任意开挖，同时在开挖中周围设立排水沟，防止地表水进入坑内；其次，在基坑四周设立安全护栏，工地现场张贴安全标语、安全宣传和警示牌，提醒现场人员注意安全，在作业环境中采用不同色彩，减轻作业人员的视觉疲劳，减少安全事故。还要加强基坑边坡沉降及位移监测，当发现边坡有异常情况时，应分析原因采取应对措施。

②孔桩安全技术措施。要在孔口周围浇筑混凝土护圈，并在护栏上安装钢丝网防护；在孔内作业时，孔口必须有人监视，挖出的土方不能堆放在距孔边缘 1 m 以内，并圈上不得放材料或站人。利用吊桶运土时，要采取可靠的防范措施，以防落物伤人；用电动葫芦运土时，检查安全能力后再吊。施工中，随时检查运送设备和孔壁情况。

当桩孔深度在 5m 以内时，井上照明可代替井下照明；当超过 5m 时，在下面用安全防护灯照明，电压不得高于 12V。在成孔过程中一直保证井内通风，经常检查井内是否存在有害气体，以便及时处理，防止意外发生。加强对孔壁土层的观察，发现异常应及时处理，成孔完成后尽快浇筑混凝土。吊放钢筋网时笼下严禁有人，经常检查钢丝绳。

3. 基坑支护安全技术措施

（1）选择合适的基坑坑壁形式。在深基坑施工前，要按照规范，依据基坑坑壁破坏后可能造成的后果程度确定基坑坑壁的等级，然后再根据坑壁安全等级及周边环境、地质与水文地质、作业设备和季节条件因素选择护壁的形式。

（2）加强对土方开挖的监控。基坑土方上部几乎都用机械开挖，开挖必须根据基坑坑壁形式、降排水要求制订开挖方案，并对机械操作人员进行技术交底。开挖中技术人员一直在现场对开挖深度、坑壁坡度进行监控，防止超挖。对土钉墙支护的边坡，土方开挖深度应严格掌握，不得在上一段土钉墙护壁未施工完毕前，开挖下一段土方。软土基坑必须分层均衡开挖，分层不超过 1 m。

（3）加强对支护结构施工质量的监控。建立健全施工企业内部支护结构施工质量检查制度，是保证支护结构质量的重要手段。质量检验的对象包括支护结构所用材料及其结构本身。对支护结构原材料及半成品应遵照有关验收标准进行检验。主要内容包括：材料出厂合格证、材料现场抽检、锚杆浆体和混凝土配合比试验、强度等级检验。对支护结构本身的检验要根据支护结构的形式选择，如土钉墙应对土钉采取抗拉试验检测承载力，对混凝土灌注应检查桩身完整性等。

（4）加强对地表水的监控。在基坑施工前，应了解基坑周边的地下管网状况，避免在施工过程中对管网造成影响；同时，为减少地表水渗入地基土体，基坑顶部四周应用混凝土封闭，施工现场内有排水设施，对雨水、施工用水、降水井中抽出的水进行有组织的外排，防止产生渗漏。对采用支护结构的坑壁应设泄水孔，保证护壁内侧土体内水压力能及时消除，减少土体内含水率，以方便观察基坑周边土体内地表水的情况，及时采取措施。泄水孔外倾坡度不小于 5%，间距在 2m 左右，并按梅花形式布置。

（5）控制好支护结构的现场检测。支护结构的检测是防止发生坍塌的重要手段，应由有资质的监测单位来监测。监测项目的内容包括：基坑顶部水下位移和垂直位移、基坑顶部建筑物变形等。监测单位应及时向施工和监理单位通报监测情况。当监测值超过报警值时，应及时通知设计单位、施工单位和监理单位，分析原因，采取有效措施，防止事故产生。采取上述安全技术措施，对有效加快施工进度及施工质量可以取得一定的作用。由于深基坑施工安全会受到多种因素的影响，为确保基坑施工安全无事故，各方责任主体要切实重视深基坑施工安全防护工作，杜绝事故的发生。

（六）高层建筑筏形基础的施工质量控制

高层及超高层建筑的特点是建筑体量高大且基础深厚，而深厚的基础都属于大体积混凝土的控制范畴，对基础的条件要求非常严格，因此，在施工过程中经常会遇到一些具体问题，并且会对基础的施工质量产生严重影响。下面结合工程实践，就超高层建筑地下室的筏形基础质量控制问题做进一步探讨。

某住宅小区的住宅工程属于超高层建筑，地下一层，地面 32 层，该住宅楼地基基础形式采用筏形基础，厚度最薄处为 1.50 m，最厚处达 4.25 m，基础混凝土强度等级为 C35 级，基础下设垫层为 0.15 mm 厚的 C20 素混凝土。基础持力层为中、微风化花岗石层，对应的地基承载力特征值为 1880 kPa。

1. 工程质量控制的难点

（1）墙柱插筋和预埋件容易偏差移位。在超高层筏形基础施工中容易出现墙柱插筋和预埋件的偏移位，主要是由于插筋在钢筋绑扎时没有认真固定，或者只是与底板钢筋的绑扎简单固定，预埋件安装时校正不认真、不准确，拟在混凝土浇筑过程中，用于固定墙柱插筋和预埋件的底板钢筋受到混凝土浇筑中施工人员及机械振动的碰撞干扰而移位。

（2）混凝土浇筑标高的控制

由于超高层筏形基础面积和深度不仅比较大，而且难以正确把握控制的准确性。所以，浇筑标高的控制是比较关键的重要问题。为了防止浇筑厚度不够和振捣不到位，应采取分层浇筑的方式进行，严格控制混凝土的浇筑次序、走向和标高的准确性，尽量避免出现纵向的施工冷缝，以使基础筏板达到整体性的设计效果。

（3）大体积混凝土裂缝控制

超高层筏形基础体量偏大，需要一次性将基础混凝土浇筑完成，这样极容易出现由于温差过大引起的有害裂缝的出现。大体积混凝土裂缝形成的机理是水泥水化产生的热量，当混凝土构件尺寸大于 800 mm 时，构件中心混凝土水化热无处散发，从而造成构件中心温度聚集过高，一般会升至 70~80℃，而且与构件表面环境温度之差在 30℃左右，从而引起结构内部的膨胀和外部表面的收缩，造成混凝土构件出现温差应力。当温差应力超过此时混凝土的抗拉强度时，就会出现结构件的开裂。

2. 施工过程的质量控制

（1）地基基础处理的重点

在确保施工组织设计管理和施工技术措施能力的前提下，加强地基的施工质量才能保证超高层建筑基础的整体稳定性。在施工过程中，必须特别注意以下工序的施工质量：

首先，做好降低地下水工作可保证操作面干作业的可靠性。本工程基础底板标高为 −8.9 m，大面积开挖深度控制在 10.5 m 左右。由于地下水位比较高，在基坑开挖护壁和基础施工时必须处理好降水施工，根据现场地质条件采用井点降水法，确保开挖过程安全。

其次，加强对地基基础的处理。由于该建筑项目地质条件比较好，基础大部分区域已为中风化岩面，局部位置仍有残积土，为了确保筏板基底的均匀一致性，对局部残积土进行彻底挖除，用 C30 混凝土回填密实找平，需要对地基的有关力学指标进行专业测试。

（2）原材料及混凝土配合比的确定

①选择使用低水化热的水泥，低水化热的水泥主要有矿渣硅酸盐水泥、粉煤灰酸盐水泥等品种，水泥强度等级在 32～42.5 之间比较合适。并且在确保混凝土强度的同时，应尽可能减少水泥用量或提高水泥强度等级，以降低水化热峰值的集中过早出现，延缓混凝土的初凝时间，减少温度应力，减少和避免混凝土冷缝的产生。通过试验结果分析，决定采用 42.5 级硅酸盐水泥配制混凝土。

②选择级配良好的粗细骨料。由于石灰石在不同种类岩石中，线性系数较小，因此，选择用石灰石作为粗骨料为宜。该骨料级配良好，石子粒径在 5～32 mm 之间，含泥量小于 1%，砂宜选择干净的中砂，细度模数在 2.3～2.8 之间，含泥量小于 2%。

③要选择适当的外掺和料。外掺和料选择使用 I 级粉煤灰和矿渣细粉。掺入粉煤灰来替代部分水泥，以达到降低水化热的目的。由于粉煤灰的需水量很少，可以降低混凝土的单位用水量，减小预拌混凝土的自身体积收缩量，有利于结构的抗裂性能。而矿渣细粉可以更多地替代水泥，更加有效地降低水化热。这是由于矿渣细粉比水泥和粉煤灰的比表面积大，能增加混凝土结构的致密性，提高混凝土的抗渗能力。如果将粉煤灰和矿渣细粉同时使用，其效果会更加显著。

④应合理掺入外加剂，尤其是微膨胀剂。通过内掺适宜的微膨胀剂，使混凝土产生适度膨胀而补偿其收缩，这对于防止混凝土开裂极其有效。现在常用的聚羧酸系列泵送剂，减水率高，具有良好的保塑、缓凝作用，可推迟混凝土初凝时间达 8 h 以上，保证大体积混凝土连续分层施工，并不产生冷缝。

⑤施工混凝土配合比的确定。根据高层建筑的特点，要保证混凝土初期水化升温较低，取龄期 60d 的混凝土强度作为配合比设计的依据，并作为质量验收评定的标准。同时，还要保证后期混凝土有足够的强度储备。根据配合比调整砂率和掺入减水剂或高效减水剂，以便达到要求的坍落度，严禁随便加水，使坍落度变化，坍落度应控制在（150±2）mm 范围内。

（3）钢筋及其施工要点

钢筋混凝土工程中的钢筋是高层建筑基础的重要组成部分，承担着筏形基础底板抗剪、抗拉的作用、抵抗不均匀沉降等因素的影响，对于加强钢筋工程的施工质量控制极其重要。在钢筋加工制作的下料工序中，节点处要保证钢筋的锚固长度，满足设计和施工规范及相应要求，在钢筋就位及绑扎时，施工现场技术人员要做好技术交底的详细要求，在绑扎完成后认真进行自检工作，并坚持三检制，由监理工程师最后确认，并做好隐蔽检查记录。

（4）混凝土的浇筑和养护

基础大体积混凝土的浇筑，全部采取用泵送商品混凝土施工，斜面分层、分段捣实，一个坡度一次到顶浇筑成型。在下层混凝土初凝前，浇筑上层混凝土并振捣密实。每层浇筑厚度、浇筑速度应均匀连续，上层混凝土振动棒插入下层混凝土以 100 mm 为宜。上下两层浇筑时间不要超过 4h，最好是下层混凝土表面温度降至平均大气温度为宜。

混凝土的振捣采用垂直振捣与斜向振捣相结合的方法，对分层结合部位进行二次振捣，每一振捣点间距及振捣时间应进行严格控制，防止因时间过长引起混凝土浆的流失而造成下沉及缺陷。混凝土浇筑完成后，混凝土初凝后的表面要及时覆盖保湿材料，并及时浇水加强养护，防止混凝土表面过早失水，出现龟裂。当气温偏低时，要在塑料薄膜上加盖草袋及其他覆盖物保温，让责任心强的人员进行 24 h 养护，保持结构表面湿润。

3. 施工过程中的监测

（1）基础沉降观察

基础在开始降水、基坑开挖、边坡防护和基础施工时，对基坑及其挡土墙结构、周围环境及建筑物沉降进行施工观测，并且在施工过程中，在筏形基础平面上布设一定数量的监测点，测得各点的相对沉降量、累积沉降量和沉速度，其结果均须满足相应要求。

（2）混凝土的温度测量

为了及时掌握基础混凝土内部及外部温度的真实变化情况，随时掌握混凝土温差动态，温度测量工作必须坚持进行。在浇筑前按等间距埋设测温孔，并布置在不同部位和不同的深度，了解混凝土内部温度及相应部位的表面温度，控制结构内外的温差。同时，要由专人负责温度的记录工作，每 2～4 h 进行一次，做好记录。当出现内外温差超过 25℃时，要加强结构体外部的保温措施。当温度持续变小时，可以停止测温。测温工作完成后，要用微膨胀砂浆将测温孔认真堵塞。

超高层建筑的筏形基础质量控制，是超高层建筑施工过程中非常关键的组成部分，如何进行科学、合理的施工组织设计，严格控制每一个环节的工程质量，是施工组织管理者必须重视的首要问题。

通过较详细地阐述大体积混凝土在施工过程中必须注重的施工方法及步骤，尤其对于大体积混凝土温度裂缝的预防、地基基础处理的要求及材料的选择、配合比控制及施工过程中的沉降观察、混凝土温度监测及应对于此类问题所采取的相应具体措施进行了详细介绍，读者应积累对类似的厚大基础施工质量控制的经验，把好建设工程质量关，增强质量意识。

（七）土钉墙在软土地基基坑中的施工应用

从传统意义上来说，土钉墙是可以保护地基边坡的一种保护性临时设置，最大的一个作用是可以支撑、保护墙体，使其在施工中不倒塌，使地基更加稳固。这种支持形式可以在很大程度上提高建筑物地基的抗击能力，增加地基的稳固性，增强地基中土的抗拉伸性及相应的延展性，并可改变建筑物地基基坑的基本形状，给予基坑一定的特性，这种特性能够使其在需要的时候发生变形，使建筑物的地基更加稳定，并且可提升地基的刚性。

下面以实际应用为基础，深入探讨软土地基中如何保证稳固性。土钉墙就是很好的一个应用实例，可以在一定程度上有效地使软土地基稳固，使其更能承受各种打击。

1. 软土地基的特性

软土地基和一般地基有所不同，具有非常强的范围性，在一定的地域范围内才会比较广泛地存在，软土主要分布在城市的某一小区域范围内，因为软土不仅在外观上和一般的土略带不同，而且具有含水量大、压缩性高、强度低、可塑性强、孔隙率小等特点，各种性能的差异也非常大，所以在地基的建设过程中更加需要考虑其性质的不同，同时需要考虑更多对地基造成影响的相关因素。

软土分类主要有两种：一种是淤泥；另一种是淤泥黏土。这两种黏土在性质上大不相同，因此在地基建设中也会有很大的不同。两种软土的抗压强度不同，密度也有非常大的差异，密度不同会造成地基的硬度不同。密度越小的软土在建设地基时需要的地基强度越大，如果没有高强度的地基，就不能很好地保证软土地基的稳固性；密度大的软土在建设地基时就不需要太高强度的地基，因为软土本身的密度能够保证地基的一部分强度。软土的性质不同，软土表面空隙的大小也会不同，空隙太大时，容易渗水，地基也会比较容易受到影响，所以，需要在建设地基时考虑软土空隙的大小，空隙太大的地基土一般处于流动状态，不会太稳固，所以需要在建设时保证土地的稳固。

2. 土钉支护的特点及稳固性表现

土钉支护技术是现在应用比较广泛的地基保护方法，这种方法相比传统的地基保护方法具有优越性，它能够很好地使地基得到应有的保护，减少地基的不确定性，并且受到的限制比较少，在很多条件下都可以利用。例如，在软土情况下就不能很好地利用传统方法，这时利用土钉支护的方法可以保证地基的稳固性。

土钉支护的稳固性主要体现在以下几个方面：①土钉支护的方法具有其他方法没有的超高的稳定性，并且这种方法的可靠性非常高，地基也不会发生太大的偏差，所以土钉支护的地基非常稳固；②土钉支护有很大的超载力，能够支撑非常大的重量，地基的重量过高，对软土有非常大的影响，所以需要土钉支护来对地基进行加固处理，土钉支护在这种情况下是非常实用的；③土钉支护的成本相对来说比较低廉，因为进行土钉支护的地基的挖掘工作比较简单；④在土钉支护的过程中，不需要进行大量的钢筋加固，施工过程也非常简化，不仅施工的成本得到减少，还能够大大地缩短施工的工期，集中降低成本；⑤在土钉支护的过程中，不仅施工的设备非常轻便，能够很好地携带，而且施工占地非常小，能够给予施工单位充裕的地理条件；⑥土钉支护的方法可以最大限度地减少对环境的危害。

3. 土钉支护地基结构的进一步完善

土钉支护方法随着时代的发展不断地完善，在有些情况下，需要在建筑之上再增加建筑物的高度或者使用新的用途，这样就会对建筑物的结构产生改变。在这种情形下也需要对地基进行检测，如果不能很好地进行检测，就不能对建筑物的地基进行重新建设，也就不能在原有建筑物的地基荷载上再进一步地增加更多的荷载，一旦地基不能承受过多的重量，就会发生坍塌事故，所以，这是一个非常具有技术要求也非常复杂的工作，不仅需要相关技术人员的实际经验，也需要仔细、认真地进行施工检查。

当建筑物需要进行改变时，应进行合理、严格的检测，在进行检测、确定没有问题后，才能进行下一道工序的施工。

第二节　地下室后浇带及地下工程

一、建筑地下室后浇带的设置与施工控制

建筑工程的地下室设置后浇带，是保证建筑工程能够自由沉降的一个重要技术措施。从建筑的施工过程中可以看出，对于多层或高层建筑的地下室后浇带的设置，施工必须根据工程图纸，并结合施工及验收规范的具体要求，合理设置后浇带的位置。对此，必须要有计划及实施方案，对后浇带进行认真处理，这样才能够有效地处理好后浇带施工的各种技术问题，使后浇带施工质量得到可靠保证。

某工程地下室底板采取厚度为600~800 mm的C35P6抗渗混凝土，壁板为300~400 mm厚的C40P6抗渗混凝土。地下室底板及侧墙和顶板均设置纵横两道沉降后浇带，后浇带宽度为1 m。底板与顶板的后浇带钢筋均为双层双向，底板后浇带位置的钢筋进行了加密构造，且增加了超前止水钢板。

（一）后浇带设置的目的

1. 解决结构的早期沉降差问题

建筑房屋主楼与裙房在设计基础时考虑为一个整体结构，但是在施工中用后浇带的形式将两部分暂时分开处理，待主体结构施工完成后，其实结构已完成了总沉降量的60%左右，以后再浇筑连续部位即后浇带的混凝土，将基础连接成为一个整体基础结构。在设计时，要考虑基础两个阶段不同的受力状态，分别进行强度审核。对于连接后的计算考虑，应注重后期沉降差引起的附加内应力。这种做法要求地基土质较好，房屋的沉降能在施工期间基本完成。同时，还可以采取另外一些技术措施：①调整压力差，主楼重量大，采取整体基础降低土压力，并加大埋深，减少附加压力；低层部分采用较浅的十字交叉梁基础，增加土压力，使高低层沉降接近。②调整时间差，先施工主楼，待其基本建成荷载完全加上去，沉降也趋于稳定，再施工低矮裙房，使高低不同建筑的沉降量基本接近。

2. 减小温度收缩造成的影响

新浇筑的混凝土在水化、硬化过程中会产生体积收缩，已经建成的房屋也会产生热胀冷缩的自然现象。混凝土硬化收缩的绝大部分会在施工以后的1~2个月内完成，而环境温度变化对结构的作用则是长期性的。当这种变形受到约束时，在结构内部就会产生温度应力，严重时就会在结构中出现裂缝。在构造上采取设置后浇带技术后，施工的混凝土就可以自由收缩，从而极大地减少了收缩应力。混凝土的抗拉强度可以大部分用以抵抗温度应力，提高抵抗温度变化的能力。

（二）后浇带设置的原则

后浇带的设置必须遵循“抗放兼备，以放为主”的设计构造原则。因为普通混凝土存在开裂问题，设置后浇带缝隙的目的就是将绝大多数的约束应力释放，然后再用微膨胀混凝土填补缝隙，以抵抗残余应力。

（三）后浇带的补偿施工

1. 模板的支设，根据预先设定的方案划分浇筑混凝土的施工层段，支设模板或钢丝网模板，并严格按施工组织设计的要求支设和加固模板。

2. 地下室顶板的混凝土浇筑。后浇带两侧的混凝土浇筑厚度严格按规范及施工方案进行，以防止由于浇筑厚度过大而造成钢丝模板的侧压力增大而向外凸出导致误差超标。

3. 浇筑地下室顶板混凝土后垂直施工缝的处理。对采用钢丝模板的垂直施工缝，当混凝土达到初凝时，用压力水冲洗，清理浮浆碎片并使粗骨料露出，同时将钢丝网片冲洗干净。混凝土终凝后将钢丝网片拆除，立即用高压水再次冲洗混凝土表面；对安装木模板的垂直施工缝，也用高压水冲洗露出毛面，根据现场情况尽早拆模，用人工凿毛；对于已硬化的混凝土表面，要用机械凿毛；对比较严重的蜂窝麻面要及时修补；在后浇带混凝土浇筑前用压力水清理表面。

4. 地下室底板后浇带的保护措施。对于未浇筑的底板后浇带，在后浇带两端两侧墙处各增设临时挡水砖墙，其高度高于底板高度，墙壁两侧抹防水砂浆；为防止地板周围施工积水流进后浇带内，在后浇带两侧 500 mm 宽处用砂浆抹出宽 50 mm、高 50~100 mm 的挡水带；后浇带施工缝处理干净后，在顶部用木板或铁皮封闭，并用砂浆抹出挡水带，四周设栏杆临时围护，以免施工过程中进入垃圾污染钢筋。

5. 地下室顶板后浇带混凝土的浇筑。设置不同构造类型的后浇带混凝土的浇筑时间也不相同。伸缩后浇带视先浇部分混凝土的收缩完成情况而定，一般在浇筑后的 6~8 周完成补浇；而沉降后浇带应在建筑物基本完成沉降后，再进行补浇。在一些房屋中，如果设计图纸对后浇带的留置时间有具体要求，应按设计要求对时间进行控制。浇筑后浇带混凝土前，提前用水冲洗混凝土，保持湿润 24 h，浇筑时清除表面明水，在施工缝处先铺一

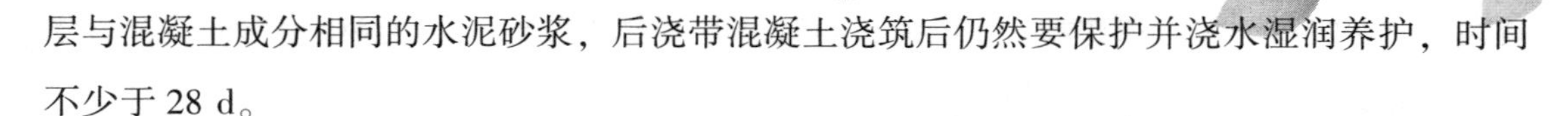

层与混凝土成分相同的水泥砂浆，后浇带混凝土浇筑后仍然要保护并浇水湿润养护，时间不少于 28 d。

6. 地下室底板、侧板后浇带的施工。地下室部分因为对防水有严格的规定和要求，所以，后浇带的施工是一个非常关键的环节。防水混凝土的施工缝、后浇带、穿墙管道、预埋件等的设置和构造，均须符合设计要求，严禁渗漏。同时，对后浇带的防水措施也做了重要规定：后浇带应在其两侧混凝土龄期达到 42 d 后再施工；后浇带的接缝处理应符合规范施工缝防水施工的规定；后浇带应采用补偿收缩混凝土，其强度等级不得低于两侧混凝土；后浇带混凝土养护时间不得少于 28 d。在地下室后浇带的施工中必须严格按照规范规定的要求进行处理。

7. 后浇带施工的质量控制要求。后浇带施工时，模板支撑必须安装坚固、可靠，整理好钢筋并重新绑扎到位，施工质量应满足钢筋混凝土施工验收规范的要求，以保证混凝土密实、不渗水和不产生有害裂缝。在后浇带接缝处加强保护，最好设置围栏并在上部采取覆盖处理，防止后续施工对后浇带接缝处形成污染。

后浇带在此工程地下室的正确应用，确保了工期及工程质量，投用 4 年以后浇带位置无任何变化或开裂，更无渗漏水现象，达到了设计及施工规范的设置构造要求，其对类似后浇带的施工具有借鉴意义。

二、地下室后浇带超前止水施工技术

随着建筑技术的进步和快速发展，多层及超高层建筑在国内日益增多，深基坑降水和多层地下室也得到了普及，而地下工程的薄弱环节后浇带的防水和变形，成为制约工程进度和工期的瓶颈，而防水的施工质量是关键因素。

某工程采用框架-剪力筒结构，地下 2 层，地面 20 层，建筑面积为 4.8 万平方米，基坑深度为 9.8 m，基坑四周设置降排水暗沟，有 8 口井，井深在 12 m 以上，24 h 不停排水，总体降水、排水效果不错。

（一）后浇带施工难点问题

正常施工工序安排是室外回填土需要在后浇带混凝土浇筑施工完成，并养护至混凝土有一定强度后再进行，传统的挡板、挡墙等处理方法由于不能满足后浇带沉降伸缩等变形要求，容易引起后浇带处开裂，产生渗漏，室外回填土往往在工程主体结构完成后，最快也需要三个月才能回填，严重制约工期及进度。

工程降水停止时间也被后浇带制约，使降水时间过长，地下水资源浪费严重，并且耗费大量电力能源、人力和物资水泵电缆，同时也占用大量资金。一旦发生停电问题，后浇带易遭受破坏，造成难以弥补的损失。

后浇带施工中不能同步变形和进行防水已经成为地下工程的最大难点。而地下室后浇带超前止水施工方案的实施可以有效解决这一问题。它具有采购方便、施工进度快、工艺简单、质量可靠、实用性强的特点，施工完成后便具有防水挡土作用，可以有效地阻止地下水及环境因素对后浇带的影响。

（二）地下后浇带超前止水设计

地下后浇带超前止水的理念，是考虑到其受力机理主要是依靠地下室底板和侧壁结构的刚度和强度，通过两道负弯矩筋形成悬臂结构，来抵抗外界压力的。超前止水后浇带外伸悬臂部分每边宽出后浇带约 250 mm，缝宽大于 30 mm，混凝土厚度为 250 mm，其强度等级为 C35。止水钢板厚度为 3 mm，负弯矩钢筋锚入混凝土内深度大于 1 个 LEA，钢筋直径须经过设计部分验算，根据现场实际做出调整。

（三）施工工艺流程及过程控制

施工工艺流程：施工准备→基槽放线→检查验线→基坑开挖→基坑检验→垫层施工→防水卷材粘铺→做保护层→橡胶止水带的安装铺粘→底层钢筋加工及绑扎→止水钢板的安装固定→钢筋绑扎→钢筋验收→混凝土浇筑→养护。

1. 施工准备

施工前应按程序要求逐级进行设计和施工方案交底，进行各种加工半成品技术资料的准备和报审工作、新工艺新技术的组织学习及培训，根据设计变更和相关规范标准编制施工方案。根据物质材料、构配件和制品的需要量计划。组织分批进场，按施工总平面布置图确定的位置堆放并悬挂相应标示牌。

2. 基槽放线

根据施工图要求的具体尺寸，在建筑图中规定详细位置尺寸，确定基础开挖及放坡尺寸，并做好固定桩的控制位置，撒出开挖边线和基础底边线。利用小型挖掘机挖出基槽轮廓，人工进行修坡及底部，保证坡度准确和防止基槽超挖土。

3. 基坑开挖和垫层

施工基槽轮廓开挖至基底或者一定深度以后，如果地下水位高，则按专项施工方案进行排水，直至排水在四周进行，其深度大于基底，保证干作业施工。中间大量土方机械的

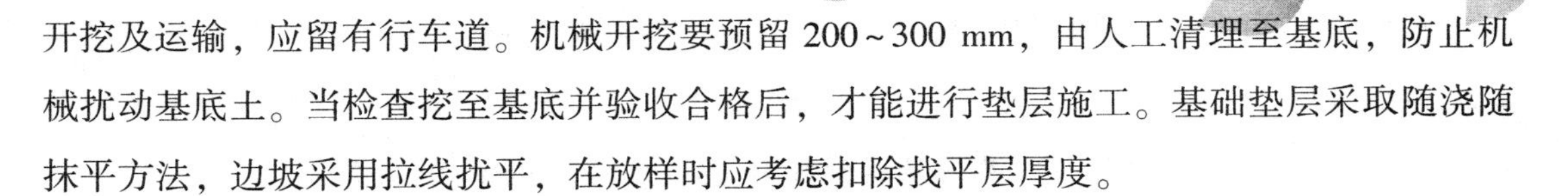

开挖及运输，应留有行车道。机械开挖要预留 200～300 mm，由人工清理至基底，防止机械扰动基底土。当检查挖至基底并验收合格后，才能进行垫层施工。基础垫层采取随浇随抹平方法，边坡采用拉线找平，在放样时应考虑扣除找平层厚度。

4. 防水卷材粘铺

防水卷材一般使用 SBS 卷材，在有附加层的位置先铺附加层，附加层用 3 mm 厚的 SBS 卷材宽 300～500 mm。底黏结层干燥至轻抹不粘手后把卷材裁成需要的宽度长条，阴阳角每边相等，弹线将卷材放好，用调整合适的喷灯对准卷材和基层面烘烤，待卷材面即将熔化时把卷材贴在阴阳角处，先粘贴平面，再粘贴立面。附加层按顺序粘贴牢固，搭接宽度为 150 mm。

将起始端卷材贴牢固后，持喷灯对着待铺的整卷卷材，使喷灯距卷材及基层加热处 300 mm 左右距离施行往复移动烘烤。至卷材底面交层呈黑色光泽并伴有微泡（不得出现大量气泡），及时推滚卷材进行大面铺贴，后面再让一人进行排气及压实工作。当第一层卷材铺贴完成后，资料报监理检查验收，达到合格后，再进行第二层卷材铺贴施工。上、下两层和相邻两层卷材应错开 1/3 幅宽，且上下两层卷材不得垂直铺贴。第二层卷材的搭接缝要与第一层的搭接缝错开 350～500 mm。

在卷材接缝处用喷枪进行全面、均匀的烘烤，必须确保搭接处卷材间的沥青密实熔合，应该有 2 mm 熔融沥青从边缘缝挤出，沿边端封严，以保证接缝的严密和防水功能效果。

5. 防水保护层的施工控制

防水卷材按设计要求全部铺贴完成并经过检查合格后，应及时施工聚酯纤维布和细石混凝土保护层。保护层采取随浇随抹平的工艺，并及时用塑料薄膜覆盖，保温、保湿养护。

6. 橡胶止水带的安装铺贴

橡胶止水带采取外贴式安装，平面朝向迎水面铺贴平展。止水带采用丁基胶黏剂搭接 100 mm 宽，也可以热熔粘贴。被搭接端 100 mm 范围内用刀片提前把竖楞切削平整，以方便搭接部分密贴。粘贴完成后，采用重物压在搭接部分，直至丁基胶全部凝固。

7. 底层钢筋加工及绑扎

根据施工图纸要求，计算钢筋用料长度，将所需要钢筋用切割机成批切断待用，不同规格尺寸的钢筋应分类存放，做好标志，防止误用。钢筋在使用前要抽样检验钢筋的机械性能，检验合格后再用于工程。钢筋加工应提前放样，保证保护层的准确性。

对于钢筋的绑扎要采取弹线或画线定位，以保证间距准确，纵向采取拉线控制其平直，尺寸一定要准。所有钢筋扣必须绑扎到位，网片筋可以隔扣绑扎，但边缘两排的扣必须100%绑扎。最后，按规定支垫保护层垫块及安装马凳，并绑扎牢固不移位。

8. 止水钢板安装、固定

止水钢板安装时保证钢板中心位于后浇带中心线上，确保U形槽弯在变形缝中间，止水钢板采取对接满焊，对焊缝的焊接质量必须严格控制，加强过程与检验的控制，对端部U形槽加焊3mm厚钢板全封闭，确保密封性能可靠。

（四）混凝土浇筑过程的质量控制

在钢筋、橡胶止水带、止水钢板全部完成并检查合格，混凝土浇筑方案审查批准，一切准备工作就绪后，才能进行浇筑施工。

1. 混凝土浇筑过程的振捣

振捣时振动棒移动间距不大于振动棒作用半径的1.5倍，即400 mm范围；与侧模应保持50~100 mm的距离，振动时间一般在10 s左右，即以表面平坦、泛浆少、不冒气泡及不再出现沉降为宜。时间太短，则振捣不密实，混凝土不均匀或强度不足；时间太长，造成混凝土分层，粗骨料下沉至底，细骨料留在中层，而水泥浆则会上浮在表面，使厚度增加，使混凝土强度不均匀，表面开裂。欠振或过振都是混凝土浇筑中必须避免的重要问题。

对混凝土的振捣如果采取二次振捣，效果较好，即在混凝土初凝前即浇筑后1 h之内，再次进行振捣，采取快插慢拔的方法，插点均匀排列，逐点移动，顺序进行，不要遗漏，使混凝土均匀密实。振动时要插入下层混凝土50 mm以上，要使上下两层混凝土为一个整体。

2. 混凝土表面处理

在混凝土振捣完毕后，再用2 m长直尺按高度控制线刮平，在混凝土沉降平稳过程中，进一步抹压搓平，在终凝前再全面抹压一次，主要是对已开裂的裂缝抹压闭合，使其平整度满足设计要求。

3. 混凝土的养护

混凝土的养护有一定难度，尤其掺有外加剂及微膨胀剂的混凝土，早期养护对强度的影响十分重要。并且养护方法及措施，尤其是立面混凝土的保湿有一定难度，需要采取措施保证表面湿度。混凝土在浇筑抹压平后立即用塑料薄膜加以覆盖保湿，常温施工时应及时浇水养护，其养护时间不少于 14 d。每天的浇水次数以保证表面湿润为宜，在混凝土养护期间，强度未达到 1.2 MPa 前，不得站人或卸大量材料。

三、建筑地下室外墙后浇带施工方法的改进

现在的多层及高层建筑物地下室非常普及。地下室剪力外墙后浇带的补浇是在房屋主体结构基本完工，并达到设计规定的沉降时间后，在条件允许或者地下人防工程验收合格后，再进行补浇施工的。这种施工方法存在着明显的缺陷：施工停留时间太长，地下室剪力外墙后浇带位置的防水及建筑保温节能施工不能同其他部分同步作业，给防水施工质量及保温节能施工质量留下隐患；有地下水时，延长排水周期，费用相应增加；室外基坑回填不能同时进行，一定程度上增大了施工现场安全文明施工难度，而且后浇带钢筋锈蚀，进行垃圾清理工作非常困难，对补偿混凝土及整体性有一定影响。

（一）胎模施工技术措施与原理

采用胎模施工方法，是在地下室剪力外墙后浇带外侧安装钢筋混凝土预制板，预制板与后浇带钢筋采取可靠连接，从而形成一个具有足够强度和刚度的胎体结构，保证室外防水和建筑节能施工的整体性和连续性，抵御室外土方回填后和后浇带混凝土浇筑产生的侧向压力，不会因为后浇带而影响其他工序的正常施工。

地下室剪力外墙后浇带利用增加胎模措施施工，避免了建筑物主体结构施工完成并达到设计要求的时间等条件后，才能进行后浇带的补浇施工的弊端。改进后有多方面的优势：首先，防水施工作业可以与其他部位同步进行，消除了防水层在该部位的接头，从而保证了防水整体质量；其次，在地下室室外防水和建筑保温节能施工作业全面完成的基础上，室外基坑回填可以连续一次性完成，对优化现场的平面管理及安全文明施工起到非常重要的关键作用；再次，当施工进度达到设计要求的后浇带浇筑条件时，仅仅只要搭设内侧模板就可以进行后浇带的浇筑，方便施工作业；最后，大幅度缩短了施工周期，为流水作业和工种交叉作业创造了便利条件，加快进度的同时也提高了质量。

（二）工艺流程与控制重点

1. 工艺流程

施工前准备→预制混凝土板安装→防水找平层施工→地下室防水层施工→地下室建筑保温节能施工→地下室外土方回填→内侧模板安装→后浇带混凝土施工→混凝土的养护。

2. 施工质量控制重点

（1）预制钢筋混凝土板加工制作

预制钢筋混凝土板作为后浇带的胎体，抵御室外土方回填和后浇带混凝土浇筑所产生的侧向水平荷载，同时作为室外防水层的基体，对预制板的强度、刚度和平整度均有较高的要求。施工操作中要重视的问题是：预制钢筋混凝土强度不得低于现浇地下室外墙所用混凝土强度；预制板外形、规格、尺寸应根据后浇带宽度决定，同时考虑其制作及方便安装的需要；预制板预埋钢筋要同后浇带钢筋焊接，预埋钢筋的位置及长度必须同现场现状相符合。

（2）预制钢筋混凝土板的安装

预制钢筋混凝土板的安装质量，直接影响到后续作业的工作质量和产品的最终质量，在安装前要将待安装范围和后浇带内清理干净。安装时确保预留钢筋与后浇带内钢筋焊接牢固，严格控制板缝宽度和板面平整度。其检查标准为：接缝宽度为 5 mm；接缝高差为 3 mm；平整度为 5 mm；垂直度小于 8 mm。

3. 防水找平层

在防水找平层施工前，应将预制板接缝及周边用高强度水泥砂浆嵌补密实，预制板与原结构有高差的部位要抹成小圆角。砂浆找平层厚度应控制在 20 mm 以内，并抹压至平整、光洁。

4. 防水层施工

防水层在大面积施工前，应先在预制板安装区域增加一道附加防水层，然后再进行大面积防水施工层作业。

5. 地下室外部土方回填

地下室外部土方回填是一项应严肃对待的工作，除了严格按照设计和施工验收规范的要求进行回填作业外，在后浇带作业范围内回填需要谨慎、小心，严禁产生冲击荷载，确保钢筋混凝土预制板不受任何损伤。回填土过程中要派专人在地下室内对钢筋混凝土预制板进行实际观察，一旦出现问题及时处理，尤其是出现裂缝现象，应及时进行加强支撑处理。

6. 地下室内模板安装

当地下室剪力墙的混凝土达到设计强度，需要对后浇带进行补浇时，要对该部位进行清理，在后浇带处专门用对接丝杆和角钢固定模板，检查合格后再按顺序进行后浇带混凝土的施工。

后浇带混凝土由于面积小且立面不易存水，因此，保湿工作难度大且非常重要。在未拆除模板前，由于模板的保护水分蒸发较少，只在表面浇湿即可；而拆除模板后要采取措施保湿，尤其是微膨胀混凝土早期的保湿对强度增长极为关键。

（三）保证质量的具体措施

钢筋混凝土预制板在浇筑时必须严格按照设计配合比拌制混凝土，要保证振捣密实，达到内实外光，几何尺寸控制偏差在允许范围以内，在预制板安装前要进行选择，对有明显缺陷或者几何尺寸偏差大的板，应坚决剔除不用。

在安装预制板时，要切实保证预制板与墙面的紧密结合，对墙面不平整部位提前进行修补抹平。预制板预留钢筋与后浇带的钢筋焊接牢固，不允许漏焊及点焊。

在进行土方回填时，严禁可能产生的冲击荷载。按规定监理要旁站进行回填土的过程监督，施工方也要派专人在地下室内对钢筋混凝土板进行实际观察，一旦出现异常情况，要及时加强支撑处理，目的是不要使防水层受损而产生严重的渗漏后果。

（四）改进施工方法简要小结

胎模施工技术在某工程的地下室 3 条后浇沉降带中得到应用，当地上工程进入 3 层时，地下室剪力墙后浇带按照胎模施工技术进行施工，在钢筋混凝土预制板安装完成和防水找平层施工达到一定强度后，顺利进行 SBS 防水卷材和防水保护层的施工，工程质量和效益明显得到提升。

与传统施工方法相比，运用胎模施工技术，地下室防水、建筑保温节能、土方回填等工程分项可以连续、不间断地进行，加快了工程进度和工程质量，促进了地下室后浇带施工的创新和发展。尤其在市区建筑用地十分紧迫的地段，由于土方一次性整体回填，减少了二次倒运，提高现场平面利用率并降低了工程费用。这部分工程分项比原计划提前 4 个月完成，工作效率提高了 23%，工程质量得到更有效的保证，施工全过程处于安全文明状态，工期得到有效控制，现场环境得到改善，快速、优质、可控，无安全及质量事故发生，胎模施工技术对地下室后浇带的应用实践表明是可行的，为类似工程提供了可应用参考依据。

四、地下室后浇带自密实混凝土施工控制

现在多层及高层的房屋建筑，都会设置地下室建筑工程，而地下室多用作车库。地下

室工程最大的问题就是防水和防止地基不均匀沉降。设置后浇带主要是解决不均匀沉降问题，宽度多数为800~1200 mm之间，从基础到地下室顶板全部贯通。按照规范的要求，起沉降作用的后浇带要在主体结构封顶、沉降观测稳定后才能补浇。后浇带补浇混凝土必须采用补偿收缩微膨胀混凝土，补偿收缩限制膨胀量为0.045%左右，强度等级较原结构体混凝土提高一个级别，浇筑后应加强养护。

某工程地下室车库顶板上覆土厚度约2 m，由于工程为群体地下建筑，面积比较大，但临时设施、加工场地、材料堆放、临时道路原因，可以利用的面积较小，按照常规施工会影响整体工程的进度。可采取提前预制钢筋混凝土盖板，地下室顶板后浇带用预制盖板进行封堵后，再用1∶2.5水泥砂浆抹平。然后，再施工防水层及防水保护层。回填土要分层夯实，将材料堆放场及加工场地转移到车库顶板，待顶部结构施工后，分析、观察沉降数据，经确认主楼沉降稳定后才能浇筑后浇带混凝土。现在采用的自密性混凝土具有很大的流动性，且不产生离析、泌水和分层，功能是不需要振捣，完全依靠自重流平并充满模型和包裹钢筋，是一种新型的高性能混凝土，适合于工程地下室顶板后浇带的施工，虽价格偏高，但方便了特殊地段的施工。

（一）后浇带盖板设计施工

1. 后浇带盖板设计要求

盖板设计一般采取单向板形式，单层钢筋，主筋φ12@200，分布筋φ8@200，混凝土采用C35，受力筋钢筋保护层厚度为15 mm。盖板宽度比后浇带宽400 mm，厚度为100 mm。由预制变更为在后浇带上部垫20 mm厚覆膜多层板，两侧支模后浇带。盖板内每隔1 m远增加两个拉钩与地下车库顶板下部钢筋连接。

2. 后浇带盖板设计计算

盖板选用C35混凝土，板厚为100 mm，宽度为1 m，上覆土种植，容重15 kN/m^2，其厚度为2 m，活荷载取4 kN/m^2。

（1）荷载计算：种植土自重为30 kN/m^2；盖板自重为2.5 kN/m^2；活荷载标准值为4 kN/m^2。

荷载设计值：1.2×（30+2.5）+1.4×4=44.6 kN/m^2。

（2）弯矩计算：弯矩取1 m板为计算单元，M=11.16 kN·m。

（3）截面计算：C30混凝土，HRB400钢筋 a_s=0.217查表求得，相对受压区可以按单截面进行计算：r_s=0.876，A_s=589 mm^2。

（4）配筋：φ12@180。

3. 预留泵管处后浇带盖板设计

预留泵管长度 1.5 m，由 3m 长泵管中间断开其间距在 8 m 以内。两侧地下车库外墙顶部必须布置泵管。为了保持泵管在盖板上锚固不移动，对预留泵管的后浇带盖板进行加厚处理。该部位盖板厚度为 150 mm，配筋同普通盖板相同。在每个沉降后浇带端头留出不小于 1m 长的泄压口且不封闭，待前方自密实混凝土浇筑完成后，由泄压孔浇筑余下的混凝土，随后进行此范围的防水与回填施工。

（二）后浇带支撑设计与施工

沉降后浇带两侧用三排碗扣脚手架支撑，在基础底板处生根，立杆纵横向间距控制在 600 mm 以内，内侧立杆距离沉降后浇带 200 mm 左右，立杆自由端长度不大于 400 mm。水平杆步距 900 mm，纵横扫地杆距地面 200 mm，脚手架立杆底部设置 50mm×250 mm 通长木垫板，立杆上部用 U 形托托住 100mm×100 mm 方木顶紧底板。沉降后浇带两侧双排碗扣脚手架连成一体，以增强脚手架的整体稳定性。

沉降后浇带支架四周由底至顶连续设置竖向剪刀撑，在垂直后浇带方向每隔 3 m 设置竖向剪刀撑。剪刀撑斜向杆与地面夹角在 45°~60°之间，斜杆应每步与立杆扣接。

在沉降后浇带支撑架扫地杆及最上部水平杆位置各设置一道连续水平剪刀撑，剪刀撑宽度为 3m。剪刀撑斜向杆应采用旋转扣件固定在与之相交的横向水平杆的伸出端上或立杆上，旋转扣件中心线至主节点的距离以不超过 150 mm 为宜。

（三）施工过程质量控制

1. 施工工艺流程

支撑系统施工→后浇带封闭→防水层施工→回填土→清理后浇带→钢筋调整→浇筑后浇带混凝土→拆除所有支撑系统→检查。

2. 后浇带封闭

后浇带清理干净达到要求后，经过隐蔽验收合格后进行后浇带封闭浇筑，依次将后浇带用预制盖板覆盖，盖板表面再用 1∶2.5 水泥砂浆抹平，厚度为 20 mm。

3. 后浇带防水层施工

（1）后浇带防水层施工工艺流程

基层处理→涂刷基层处理剂→细部附加层处理→弹线试铺→热溶施工 3 mm 厚 SBS 聚

酯胎改性沥青防水卷材→热熔施工 4 mm 厚 SBS 聚酯胎改性沥青耐根刺防水卷材→防水卷材检查→50 mm 厚度 C20 混凝土保护层。

（2）盖板预留混凝土泵管处理

按照每隔一跨跨中设置的处理措施，在相应位置后浇带预制盖板中预留混凝土泵管，泵管长度为 1.5 m，由 3 m 长泵管中间断开，预制盖板预留泵管部位的防水做法可以借鉴出屋面管件的防水大样节点。

4. 后浇带混凝土浇筑前的各项准备

（1）沉降后浇带浇筑条件

按照施工图要求，沉降后浇带应在主楼结构顶板混凝土浇筑完成后，经过设计、勘查和监理单位分析沉降记录观察数据，确认主楼结构沉降稳定后，才允许浇筑后浇带的混凝土。

（2）配合比设计要求

对于普通混凝土配合比设计方法，按照要求，根据不同强度等级，要求进行混凝土配合比设计，但是其对自密实混凝土不太适用，配制自密实混凝土应首先确定混凝土配制强度、水灰比、用水量、砂率、粉煤灰用量、膨胀剂用量等主要技术参数，再经过混凝土性能试验强度检验，多次调整原材料参数来确定混凝土配合比的方法。

（3）自密实混凝土的特点

自密实混凝土属于高砂率、低水胶比、高矿物掺和料的拌和物。自密实混凝土的性能要求：自密实高流态混凝土的坍落度值一般在 200～220 mm；混凝土从出机至绕筑必须控制在 1h 内，坍落度损失不大于 20 mm，不分层、不离析，水泥一般用普通硅酸盐水泥，砂选择中砂，粗骨料粒径符合泵送要求，也就是在 5～16 mm 之间的连续级配；为了减少用水量，都会掺入高效减水剂；为了提高混凝土的和易性，掺入一定比例的粉煤灰或者高炉矿渣；为补偿混凝土的收缩和增加混凝土与管壁的黏结力，掺加 UEA 型膨胀剂，其混凝土初凝时间在 8 h 左右。

（四）沉降后浇带混凝土浇筑控制

1. 混凝土泵管安装原则

混凝土输送管的布置方向尽量减少变化，距离尽可能短，弯管尽可能少，减少输送过程中的阻力。混凝土输送管道垂直布置时，地面水平管长度不要小于垂直管的 1/4，并且不小于 15 m。在混凝土泵机 Y 形管出料口 3 m 以上处的输送管根部设置截止阀，以防止

混凝土拌和物回流。

管道的连接要牢固、稳定，各管卡位置不得与地面或支撑体接触，管卡在水平方向距离支撑体大于 100 mm，接头密封严密，垫片不能少。泵体引出的水平管转弯处用 45°弯管。

2. 自密实混凝土的浇筑施工

在混凝土泵送前，洒水湿润整个模板及混凝土，冲洗干净，使自密实混凝土的流动更加可靠。输送过程中，检查泵送管连接是否牢固、严密，防止局部漏气，造成泵压力降低。还要预先采用同强度无石子混凝土湿润泵管，防止堵塞。混凝土泵管事前沿后浇带全部铺设，由远及近退后进行拆管浇筑施工，减少接管时间，防止时间过长，造成自密实混凝土的堵塞现象。

对于进场的自密实混凝土要进行坍落度、扩展度、和易性测试，要保证技术指标。在对每个后浇带连接口处的混凝土浇筑进行施工时，当发现混凝土流出相邻接口时，应停止泵送，用锤子砸下止回阀插楔；混凝土泵送完毕后，拆除止回阀以上的泵管，连接下一个连接口，再用同样的工序方法浇筑，直至所有后浇带全部施工完成。在泵送混凝土过程中严格禁止反转泵，在更换车辆时要保证泵送连续不停顿。当自密实混凝土施工完成后，混凝土达到终凝后，才能把止回阀卸下进行周转再用。待钢管内混凝土达到设计强度的 70%以后，再拆除连接口。

整个浇筑施工结束以后，将预留混凝土浇筑泵管在地面以下割断，焊接钢板封堵，并刷防锈漆。在浇筑过程中采取敲打模板底板的方法，使自密实混凝土流动畅通，保证拆模后表面光洁。由于每道后浇带自密实混凝土的用量比较少，必须一次浇筑完成，每道后浇带要留置一组标准试块和三组同条件养护试件，这是为了掌握拆模及其强度增长情况备用的试块。

五、地下人防孔洞口防护常见安全质量问题及对策

孔洞口防护工程是指人防工程出入口、通风口、水暖和电缆穿墙管道。孔洞口防护工程是人防工程中的重要部位，也是最容易出现质量问题的地方。由于孔洞口防护工程在设计环节或施工环节经常存在对规范、图纸和图集要求不完全理解及在施工过程中处理不当等问题，极易造成人防工程不满足预定的防护密闭要求，因此，加强人防工程安全质量必须重视孔洞口的防护工程质量，它是满足人防工程战时防护功能的重要环节，是保证战备效益和人员生命财产安全的关键环节。

（一）出入洞口设计常见问题及处理方法

在人防工程会审图纸中经常会发现一些设计人员在设计人防工程战时，主要出入口不能满足规范要求的情况。例如，战时主要出入口的出入地面段设置在地上建筑物的倒塌范围内，却不设置防倒塌棚架；还有一些设计人员在设计甲类核六、核六B级人防地下室时(关于用室内出入口代替室外出入口时问题更多)，将战时主要出入口上的一层楼梯按战时设计；也有的设计人员对规范仅理解一部分，只是将楼梯上部不大于2 m处做局部完全脱开的防倒塌棚架。其主要原因是对规范的规定没有认真理解，其正确做法是尽量将战时主要出入口的出地面段设在地上建筑物的倒塌范围以外，当条件限制做不到时，应在战时主要出入口的出地面段上方按人防规范设置防倒塌棚架；对于甲类核六、核六B级人防地下室关于用室内出入口代替室外出入口时，应在地上一层楼梯间设置一个与地上建筑物完全脱开的防倒塌棚架，也就是说其棚架的梁、板、柱必须与地上建筑物完全脱开，只有这样才能使结构计算受力更加明晰、合理。

（二）出入洞口施工常见问题及处理方法

在人防工程的现场检查中会发现门框墙施工存在多种不规范问题，如门框墙表面不平整，蜂窝、麻面很多，个别还有漏筋现象，不满足规范的要求。甚至有些门框墙垂直度偏差过大，门框上下铰页同心度差超过规范允许范围，给人防门扇安装带来很大困难。出现这些原因主要是由于施工单位对人防门框墙不够了解或重视程度不够，造成有些门框墙不合格，重新返工，重新浇筑，带来工期和经济上的一定损失。

由于门框墙钢筋一般较多，在门框墙钢筋绑扎的过程中又要求先将防护设备的预埋钢门框架立就位，而预埋钢门框上的锚筋又非常多，同时锚筋又要求与门框墙钢筋点焊固定，因此，在整个过程中必须随时控制好垂直度和水平度，同时保证门框墙的结构尺寸准确，表面平整和光滑，支模时门洞内应加密支撑，同时门洞四角加斜支撑，以保证模板刚度，防止变形。由于门框墙模板内空间尺寸小、钢筋密预埋构件的锚筋多，因此，在浇筑混凝土时必须注意门洞两边的浇筑面高度保持一致，以防止门洞模板推移或变位，只有这样才能保证门框墙的施工质量。

（三）通风口设计常见问题及处理方法

通风口包括进风口、排风口和排烟口。为保证地下工程内部人员的工作、生活，人防工事内需要大量的新鲜空气，且及时排出废气和排出电站的烟雾。因此，通风口战时要继

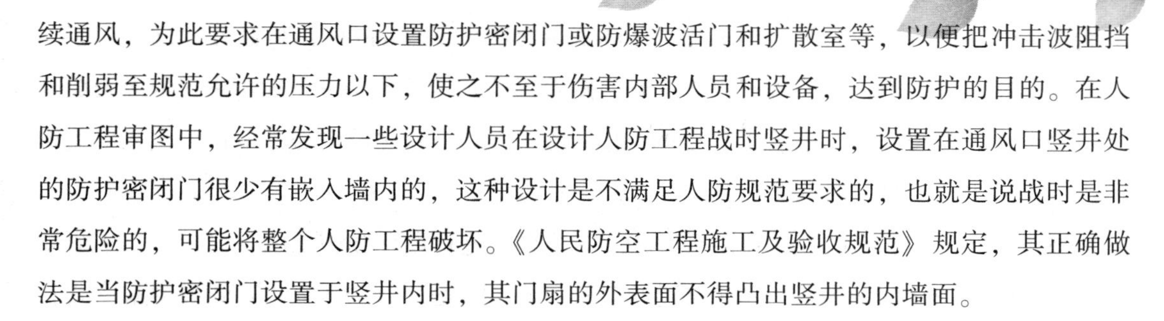

续通风，为此要求在通风口设置防护密闭门或防爆波活门和扩散室等，以便把冲击波阻挡和削弱至规范允许的压力以下，使之不至于伤害内部人员和设备，达到防护的目的。在人防工程审图中，经常发现一些设计人员在设计人防工程战时竖井时，设置在通风口竖井处的防护密闭门很少有嵌入墙内的，这种设计是不满足人防规范要求的，也就是说战时是非常危险的，可能将整个人防工程破坏。《人民防空工程施工及验收规范》规定，其正确做法是当防护密闭门设置于竖井内时，其门扇的外表面不得凸出竖井的内墙面。

（四）通风口施工常见问题及处理方法

通风口安装的悬摆式防爆波活门，是保证战时在冲击波超压作用时能自动关闭，把冲击波挡在外面。防爆波活门施工是控制钢门框与钢筋混凝土墙体的整体密实性和波活门嵌入墙内的一定深度。在施工现场检查时，发现波活门的混凝土浇筑不是很密实，存在很多蜂窝、麻面，更有甚者存在波活门嵌入墙内深度不够的现象。

只有波活门嵌入墙内的深度满足规范要求时，才能保证在战时冲击波作用下，波活门在要求的时限内能马上关闭。如果波活门嵌入墙内的深度不满足图纸要求，那么当冲击波从侧向射入时，就会延缓波活门关闭时间，严重破坏波活门，达不到战时防护要求，甚至对人防工事内的人员造成伤害，因此，施工单位必须加以重视。

（五）穿墙管道施工常见问题及处理方法

为了使人防工程在战时能保证人员和物质的安全，还须从室外引进各种管道和电缆。这些管道和电缆有的穿过防护外墙或临空墙，有的穿过密闭墙。这就要求施工中，一定要按照图纸或标准图集做好防护密闭处理。

管道从室外穿越外墙、临空墙和防护单元隔墙时必须进行密闭处理。但在实际工程检查中，经常发现有一些与人防无关的管道任意穿越人防工程的围护结构，却不进行任何防护密闭处理，或有些人防的管道穿越人防工程的围护结构虽做了预埋套管，但存在不进行密闭处理的现象，更有甚者由于在施工中漏设置预留洞，施工单位不通知设计院进行相应的加固处理，擅自在混凝土墙上用冲击钻打洞，破坏工程防护和防毒的整体性，使之不满足战时防护密闭要求。

管道从室外穿越外墙、临空墙和防护单元隔墙时，必须在墙体上预埋带有密闭翼环的钢套管。埋钢套管厚度为 6 mm，密闭翼环通常采用 5 mm 厚的钢板制作，翼高为 50 mm，密闭翼环与预埋钢套管的接触部位应满焊，同时预埋钢套管与穿墙管道的缝隙之间应采用密封材料填充密实。同时，为了阻挡战时冲击波进入人防工事内，应在室外一侧的预埋钢套管上安装防护抗力片，规范要求抗力片应采用厚度大于6 mm的钢板制作，同时对于与工程外部相连的管道，规范规定应在工事内侧靠近防护墙近端200 mm处在管道上安装防爆波阀，也可以用抗力不小于1 MPa的阀门代替。只有这样才能防止战时冲击波或毒气进入地下工事内，满足战时的防护密闭要求。

地下人防工程和平时期是按照平时、战时结合来进行设计和施工的，即人防工程既要具有战时防御功能，又要考虑平时兼用的双重功能。但是，对于人防工程建设的最主要目的仍然是战备防御功能。因此，对于人防工程建设，不论平时如何开发利用，都不应忽视人防工程的战时防御功能，更不应随意降低人防工程的战时防护标准，只有这样才能使人防工程在战时真正发挥其战备防御的作用。

六、现浇混凝土结构后浇带质量控制

建筑物或构筑物设置后浇带的技术措施已被大量工程采用多年，而后浇带的设计及施工质量，直接影响到结构的安全及经济性。切实处理好结构后浇带的设计与施工，重点是施工技术与施工管理。下面结合工程实践，从模板支设、后浇带内钢筋的绑扎、混凝土的浇筑施工浅述其质量控制措施。

（一）后浇带的概念和分类

第一，为防止现浇钢筋混凝土结构由于温度、收缩不均匀及沉降可能产生的有害裂缝，按照混凝土施工质量验收规范要求，在板、墙、梁相应位置留设临时施工缝，将结构暂时划分为若干部分，在一段时间后再补浇该施工缝混凝土，将结构连成整体。第二，施工后浇带分为后浇沉降带和后浇收缩带两种，分别用于解决高层主楼与低层裙房间差异沉降、钢筋混凝土收缩变形、减小温度应力等问题。随着社会的发展，城市中超长结构、大底盘多塔式结构或形体不规则结构的建筑不断涌现，特别是对地下防水有特殊要求的超大面积地下建筑不断出现。广大建筑师为了建筑立面及空间使用功能的要求，又往往希望结构工程师不留变形缝，这就要求在结构设计中，必须认真对待由于超长给结构带来的不利影响，因为在《混凝土结构设计规范》中，对钢筋混凝土结构伸缩缝最大间距有着严格的要求。当增大结构伸缩缝间距或者不设置伸缩缝时，必须采取切实可行的措施，防止结构开裂。在适当增大伸缩缝最大间距的各项措施中，可以在结构施工阶段采取必要的保温等防裂措施，用以减小混凝土收缩产生的不利影响，或者用设置施工后浇带的方法增大伸缩缝的最大间距。我国建筑施工常用的做法是设置施工后浇带。当建筑物存在较大的高差，但是结构设计根据具体情况可不设置永久变形缝时，如高层建筑主体和多层（或低层）裙房之间，常常采取施工后浇带来解决施工阶段的差异沉降问题。这两种施工后浇带，前者可称为收缩后浇带；后者可称为沉降后浇带。设计时应考虑以某一种功能为主，以其他功能为辅。第三，通常，在设计中，在施工图纸的结构设计总说明中，将设置后浇带的位置、距离通过设计计算确定，其宽度常为800~1200 mm；后浇带部位填充的新浇混凝土强度等级，应比原结构混凝土强度提高一个级别。

（二）造成后浇带质量通病的原因

第一，后浇带部位的混凝土施工过早，而后浇带两侧结构混凝土收缩变形尚未最后完成。第二，接口处不支模，留成自然斜坡槎，使施工缝处混凝土浇捣困难，造成混凝土不密实，达不到设计强度等级，如果是地下室底板，还易产生渗水现象。第三，浇筑前对后浇带混凝土接缝界面局部的遗留零星模板碎片或残渣未能清除干净。第四，后浇带底板位置处暴露在自然环境的时间过长，而使接缝处的表面沾了泥污，又未认真处理，严重影响了新老混凝土的结合。第五，施工缝做法不当，特别是后浇带两侧，往往将施工缝留成直缝而遭受破坏。第六，后浇带跨内的梁板在后浇带混凝土浇筑前，两侧结构长期处于悬臂受力状态，在施工期间，本跨内的模板和支撑不能拆除，必须待后浇混凝土强度达到设计强度值的100%以上后，方可按由上向下的顺序拆除。有些施工单位，施工期间模板准备不足或考虑资金等因素，提前拆除后浇带跨内的模板和支撑，造成板边开裂，使结构承载能力下降。第七，杂物落入后浇带内，给后期清理工作带来极大困难，污染钢筋，使钢筋变形，堆积垃圾。

（三）设置后浇带技术的控制要点

1. 后浇带设计控制要点

①后浇带的设置遵循的是“抗放兼备，以放为主”的设计原则。因为普通混凝土存在开裂问题，后浇缝的设置就是把大部分约束应力释放，然后用膨胀混凝土填缝，以抗衡残余的应力。②结构设计中由于考虑沉降原因而设计的后浇带，施工中应严格按设计图纸留设。③由于施工原因而需要设置后浇带时，应视施工具体情况而定，留设的位置应经设计方认可。④后浇带间距应合理，矩形构筑物后浇带间距一般可设为30~40 m，后浇带的宽度应考虑便于施工操作，并按结构构造要求而定，一般宽度以800~1000 mm为宜。⑤后浇带处的梁板受力钢筋不允许断开，必须贯通留置，如果梁、板跨度不大，可一次配足钢筋，如果跨度较大，可按规定断开，在补浇混凝土前焊接好。⑥后浇带在未浇筑混凝土前不能将部分模板、支柱拆除，否则会导致梁板形成悬臂，造成变形。⑦施工后浇带的位置

宜选在结构受力较小的部位，一般在梁、板的反弯点附近，此位置弯矩不大，剪力也不大，也可选在梁、板的中部，弯矩虽大，但剪力很小。⑧后浇带的断面形式应考虑浇筑混凝土后连接牢固，一般宜避免留直缝，对于板，可留斜缝；对于梁及基础，可留企口缝，而企口缝又有多种形式，可根据结构断面情况确定。⑨配置纵向钢筋最小配筋率不宜小于0.5%，钢筋应尽可能选择直径较小的，一般为10~16 mm即可，间距尽量选择较密的，宜不大于100 mm，细而密的钢筋分布对结构抗裂是有利的，尤其对于补偿混凝土。

2. 后浇带施工环节的控制重点

（1）模板支设

根据分块图划分出的混凝土浇筑施工层段支设模板（钢丝网模板），并严格按施工方案的要求进行。由于后浇带模板须单独支设，自成一个单独的支撑体系与相邻的模板支撑体系分开。后浇带模板在本跨内应支设一个独立单元，模板拆除时应暂时保留不拆。待后浇带混凝土浇筑完毕并达到设计强度后，方可拆除。

（2）混凝土后浇带缝的处理

①施工中必须保证后浇带两侧混凝土浇筑质量，防止漏浆，或混凝土疏松。浇筑后浇带混凝土前，清理带内水泥浆及垃圾，底板钢筋应调整、除锈，保证板下口钢筋有足够的保护层厚度，然后用清水冲洗施工缝，保持湿润24 h，并排除积水。②对木模板的垂直施工缝，可用高压水冲毛；也可根据现场情况和规范要求，尽早拆模并及时人工凿毛。③对于已硬化的混凝土表面，要使用凿毛机械进行处理。④对较严重的蜂窝或孔洞应进行修补。在封闭施工后浇带前，应将后浇带内的杂物清理干净，做好钢筋的除锈工作。⑤对于底板后浇带，在后浇带两端两侧墙处各增设临时挡水砖墙，其高度高于底板高度，墙壁两侧抹防水砂浆。⑥为防止底板周围施工积水流进后浇带内，在后浇带两侧50 cm宽处，用砂浆做出宽5 cm、高5~10 cm的挡水带。

（3）后浇带留设后

应采取保护措施，防止垃圾及杂物掉入后浇带内。保护措施可采用木盖板覆盖在上皮钢筋上，盖板两边应比后浇带各宽出500 mm以上。

3. 顶板后浇带混凝土的浇筑

①不同类型后浇带混凝土的浇筑时间不同：伸缩后浇带视现浇部分混凝土的收缩完成情况而定，一般为施工后的42~60 d；沉降后浇带宜在建筑物基本完成沉降后进行。在一些工程中，设计单位对后浇带的保留时间有特殊要求，应按设计要求进行保留。②浇筑后浇带混凝土前，用压力水冲洗施工缝，保持湿润24 h，并排除混凝土表面积水。③浇筑后

浇带混凝土前，宜在施工缝处先洒一层 1：0.5 的素水泥浆，再铺一层与混凝土内砂浆成分相同的水泥砂浆。④后浇带混凝土必须采用无收缩微膨胀混凝土，可采用膨胀水泥配制，也可采用添加具有膨胀作用的外加剂和普通水泥配制，混凝土的强度应提高一个等级，其配合比通过试验确定，宜掺入早强减水剂，且应认真配制，精心振捣。由于膨胀剂的掺量直接影响混凝土的质量，因此，要求膨胀剂的称量由专人负责。所用膨胀剂和外加剂的品种，应根据工程性质和现场施工条件选择，并事先通过试验确定配合比，并适当延长掺膨胀剂的混凝土搅拌时间，以使混凝土搅拌均匀。⑤后浇带混凝土浇筑后应及时覆盖草包，蓄水养护，养护时间不得低于 28 d，这个环节极其关键。

4. 地下室底板、侧壁后浇带混凝土的施工

地下室因为对防水有一定的要求，所以，后浇带的施工是一个非常关键的环节。因此，对其补浇必须重视的方面是：①后浇带应在其两侧混凝土龄期达到 42 d 后再施工；②后浇带的接缝处理应符合施工规范相关条文对施工缝的防水施工的规定要求；③后浇带应采用补偿收缩混凝土，其强度等级要高于两侧混凝土；④后浇带混凝土养护时间不得少于 28 d。在地下室后浇带的施工中，必须严格按照规范规定的要求进行处理。

5. 后浇带施工的质量控制要求

①后浇带施工时模板支撑应安装牢固，钢筋应进行清理整形，施工的质量应满足钢筋混凝土设计和施工验收规范的要求，以保证混凝土密实、不渗水和产生有害裂缝。②所有膨胀剂和外加剂必须有出厂合格证及产品试验报告及相关技术资料，并符合相应标准的要求。③浇筑后浇带的混凝土，必须按规范要求留置试块。有抗渗要求的，应按有关规定制作抗渗试块，其数量满足试验要求。

第三章 砌筑及混凝土施工技术

第一节 砌筑及墙体保温工程施工工艺

一、脚手架

（一）脚手架的作用和种类

脚手架又称脚手，是砌筑过程中堆放材料和工人进行操作不可缺少的临时设施，它直接影响到施工作业的顺利开展和安全，也关系到工程质量和劳动生产率。建筑施工脚手架应由架子工搭设，脚手架的宽度一般为 1.5～2.0 m，砌筑用脚手架的每步架高度一般为 1.2～1.4 m，装饰用脚手架的每步架高度一般为 1.6～1.8 m。砌筑用脚手架必须满足使用要求，安全可靠，构造简单，便于装拆、搬运，经济省料并能多次周转使用。

脚手架可根据与施工对象的位置关系、支承特点、结构形式以及使用的材料等划分为多种类型。

按照支承部位和支承方式划分：①落地式：搭设（支座）在地面、楼面、屋面或其他平台结构之上的脚手架。②悬挑式：采用悬挑方式支设的脚手架，其支挑方式又有三种，即架设于专用悬挑梁上、架设于专用悬挑三角桁架上和架设于由撑拉杆件组合的支挑结构上。其支挑结构有斜撑式、斜拉式、拉撑式和顶固式等多种。③附墙悬挂式：在上部或中部挂设于墙体挑挂件上的定型脚手架。④悬吊式：悬吊于悬挑梁或工程结构之下的脚手架。⑤升降式（简称“爬架”）：附着于工程结构，依靠自身提升设备实现升降的悬空脚手架。⑥水平移动脚手架：带行走装置的脚手架或操作平台架。按其所用材料分为：木脚手架、竹脚手架和金属脚手架。

（二）扣件式钢管脚手架

扣件式钢管脚手架属于多立杆式外脚手架中的一种。其特点是：杆配件数量少，装卸

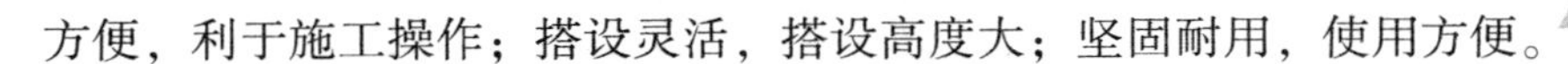

方便，利于施工操作；搭设灵活，搭设高度大；坚固耐用，使用方便。

多立杆式脚手架由立杆、大横杆、小横杆、斜撑、脚手板等组成。其特点是每步架高可根据施工需要灵活布置，取材方便，钢、木、竹等均可应用。

1. 构造要求

扣件式脚手架是由标准的钢管杆件和特制扣件组成的脚手架骨架与脚手板、防护构件、连墙件等组成的，是最常用的一种脚手架。

多立杆式脚手架分为双排式和单排式两种。双排式沿外墙侧设两排立杆，小横杆两端支承在内外两排立杆上，多层或高层房屋均可采用，当房屋高度超过 50 m 时需要专门设计。单排式沿墙外侧仅设一排立杆，其小横杆与大横杆连接，另一端支承在墙上，仅适用于荷载较小、高度较低、墙体有一定强度的多层房屋。

（1）钢管杆件

钢管杆件包括立杆、大横杆、小横杆、剪刀撑、斜杆和抛撑（在脚手架立面之外设置的斜撑）。钢管杆件一般采用外径为 48.3 mm、壁厚 3.6 mm 的焊接钢管或无缝钢管，也有外径为 50~51 mm、壁厚 3~4 mm 的焊接钢管或其他钢管。用于立杆、大横杆、剪刀撑和斜杆的钢管的最大长度为 4~6.5 m，最大质量不宜超过 25 kg，以便适合人工操作。用于小横杆的钢管长度宜在 1.8~2.2 m，以适应脚手宽的需要。

（2）扣件

扣件为杆件的连接件，有可锻铸铁铸造扣件和钢板压制扣件两种。扣件的基本形式有 3 种：对接扣件，用于两根钢管的对接连接；旋转扣件，用于两根钢管呈任意角度交叉的连接；直角扣件，用于两根钢管呈垂直交叉的连接。

（3）脚手板

脚手板一般用厚 2 mm 的钢板压制而成，长 2~4 m、宽 250 mm，表面应有防滑措施。也可采用厚度不小于 50 mm 的杉木板或松木板，长 3~6 m、宽 200~250 mm；或者采用竹脚手板，有竹笆板和竹片板两种形式。脚手板的材质应符合规定，且脚手板不得有超过允许的变形和缺陷。

（4）连墙件

连墙件将立杆与主体结构连接在一起，可用钢管、型钢或粗钢筋等制作。每个连墙件抗风荷载的最大面积应小于 40 m^2。连墙件需从底部第一根纵向水平杆处开始设置，附墙件与结构的连接应牢固，通常采用预埋件连接。连墙杆每 3 步 5 跨设置一根，不仅可以防止架子外倾，同时还可增加立杆的纵向刚度。

（5）底座

扣件式钢管脚手架的底座用于承受脚手架立柱传递下来的荷载，底座一般采用厚8 mm、边长150~200 mm的钢板作底板，上焊150 mm高的钢管。底座形式有内插式和外套式两种。内插式的外径D1比立杆内径小2 mm，外套式的内径D2比立杆外径大2 mm。

2. 扣件式钢管脚手架的搭设要求

（1）扣件式钢管脚手架搭设范围内的地基要夯实找平，做好排水处理，防止积水浸泡地基。

（2）立杆中大横杆步距和小横杆间距可按规定选用，最下一层步距可放大到1.8 m，以便于底层施工人员的通行和运输。

（三）碗扣式钢管脚手架

1. 基本构造

碗扣式钢管脚手架由钢管立杆、横杆、碗扣接头等组成。其基本构造和搭设要求与扣件式钢管脚手架类似，不同之处主要在于碗扣接头。

碗扣接头是该脚手架系统的核心部件，它由上碗扣、下碗扣、横杆接头和上碗扣的限位销等组成。上碗扣、下碗扣和限位销按60 cm间距设置在钢管立杆之上，其中下碗扣和限位销则直接焊在立杆上。组装时，将上碗扣的缺口对准限位销后，把横杆接头插入下碗扣内，压紧和旋转上碗扣，利用限位销固定上碗扣。碗扣接头可同时连接4根横杆，可以互相垂直或偏转一定角度。

2. 碗扣式脚手架的搭设要求

碗扣式钢管脚手架立杆横距为1.2 m，纵距根据脚手架荷载可为1.2 m、1.5 m、1.8 m、2.4 m，步距为1.8 m、2.4 m。搭设时立杆的接长缝应错开，第一层立杆应用长1.8 m和3.0 m的立杆错开布置，往上均用3.0 m长杆，至顶层再用1.8 m和3.0 m两种长度找平。高30 m以下脚手架垂直度应在1/200以内，高30 m以上脚手架垂直度应控制在1/400~1/600，总高垂直度偏差应不大于100 mm。

（四）门式钢管脚手架

1. 构造要求

门式钢管脚手架由门式框架、剪刀撑和水平梁架或脚手板构成基本单元，将基本单元连接起来即构成整片脚手架。

2. 门式钢管脚手架的搭设与拆除

门式钢管脚手架一般按以下程序搭设：铺放垫木（板）→拉线，放底座→自一端起立门架并随即装剪刀撑→装水平梁架（或脚手板）→装梯子→需要时装设纵向水平杆→装设连墙杆→重复上述步骤，逐层向上安装→装加强整体刚度的长剪刀撑→装设顶部栏杆。

搭设门式脚手架时，基底必须先平整夯实，并铺设可调底座，以免产生塌陷和不均匀沉降。应严格控制第一步门式框架垂直度偏差不大于 2 mm，门架顶部的水平偏差不大于 5 mm。外墙脚手架必须通过扣墙管与墙体拉结，并用扣件把钢管和处于相交方向的门架连接起来。整片脚手架必须适量设置水平加固杆（纵向水平杆），前 3 层要每层设置，3 层以上则每隔 3 层设 1 道。在架子外侧面设置长剪刀撑。使用连墙管或连墙器将脚手架与建筑物连接。高层脚手架应增加连墙点布设密度。拆除架子时应自上而下进行，部件拆除顺序与安装顺序相同。门式脚手架架设超过 10 层，应加设辅助支撑，一般在高 8～11 层门式框架之间、宽 5 个门式框架之间，加设一组，使部分荷载由墙体承受。

（五）满堂脚手架

①单层厂房、礼堂、大餐厅的平顶施工，可搭满堂脚手架。②满堂脚手架立杆底部应夯实或垫板。③四角设抱角斜撑，四边设剪刀撑，中间每隔 4 排立杆沿纵长方向设一道剪刀撑，所有斜撑和剪刀撑均须由底到顶连续设置。④封顶用双扣绑扎，立杆大头朝上，脚手板铺好后不露杆头。⑤上料井口四角设安全护栏。

（六）升降式脚手架

升降式脚手架简称爬架，是沿结构外表面满搭的脚手架，在结构和装修工程施工中应用较为方便。升降式脚手架自身分为两大部件，分别依附和固定在建筑结构上。主体结构施工阶段，升降式脚手架利用自身带有的升降机构和升降动力设备，使两个部件互为利用，交替松开固定，交替爬升，其爬升原理同爬升模板；装饰施工阶段，交替下降。

该形式的脚手架搭设高度为 3～4 个楼层，不占用塔吊。相对落地式外脚手架，省材料、省人工，适用于高层框架、剪力墙和筒体结构的快速施工。

升降式脚手架的升降运动是通过手动或电动倒链交替对活动架和固定架进行升降来实现的。从升降架的构造来看，活动架和固定架之间能够进行上下相对运动。当脚手架工作时，活动架和固定架均用附墙螺栓与墙体锚固，两架之间无相对运动；当脚手架需要升降时，活动架与固定架中的一个架子仍然锚固在墙体上，使用倒链对另一个架子进行升降，两架之间便产生相对运动。通过活动架和固定架交替附墙，互相升降，脚手架即可沿着墙体上的预留孔逐层升降。爬升可分段进行，视设备、劳动力和施工进度而定，每个爬升过程提升 1.5~2 m。

（七）悬挑式脚手架

悬挑式脚手架简称挑架，搭设在建筑物外边缘向外伸出的悬挑结构上，将脚手架荷载全部或部分传递给建筑结构。

悬挑支承结构有用型钢焊接制作的三角桁架下撑式结构，以及用钢丝绳斜拉住水平型钢挑梁的斜拉式结构两种主要形式。

在悬挑结构上搭设的双排外脚手架与落地式脚手架相同，分段悬挑脚手架的高度一般控制在 25 m 以内。该形式的脚手架适用于高层建筑施工。由于脚手架是沿建筑物高度分段搭设，故在一定条件下，当上层还在施工时，其下层即可提前交付使用；而对于有裙房的高层建筑，则可使裙房与主楼不受外脚手架的影响，同时展开施工。

（八）外挂式脚手架

外挂式脚手架随主体结构逐层向上施工，用塔吊吊升，悬挂在挑梁上。在装饰施工阶段，该脚手架改为从屋顶吊挂，逐层下降。吊挂式脚手架的吊升单元（吊篮架子）宽度宜控制在 5~6 m，每一吊升单元的自重宜在 1 t 以内。该形式的脚手架适用于高层框架和剪力墙结构施工。

二、垂直运输设施

垂直运输设施是指担负垂直输送材料和施工人员上下的机械设备和设施。在砌筑施工过程中，各种材料（砖、砂浆）、工具（脚手架、脚手板）及各层楼板都需要用垂直运输机具来完成。砌筑工程中常用的垂直运输设施有塔式起重机、井字架、龙门架、独杆提升机、建筑施工电梯等。

1. 塔式起重机

塔式起重机又称塔吊或塔机，具有提升、回转等功能，不仅是重要的吊装设备，也是重要的垂直运输设备，尤其在吊运长、大、重的物料时有明显优势，故在可能的条件下宜优先选用。塔式起重机塔身竖直，起重臂安装在塔身顶部，具有较大的工作空间，起重高度大。塔式起重机的类型较多，广泛用于多层砖混及多层或高层现浇或装配钢筋混凝土工程的施工。

塔式起重机由金属结构部分、机械传动部分、电气控制与安全保护部分以及与外部支

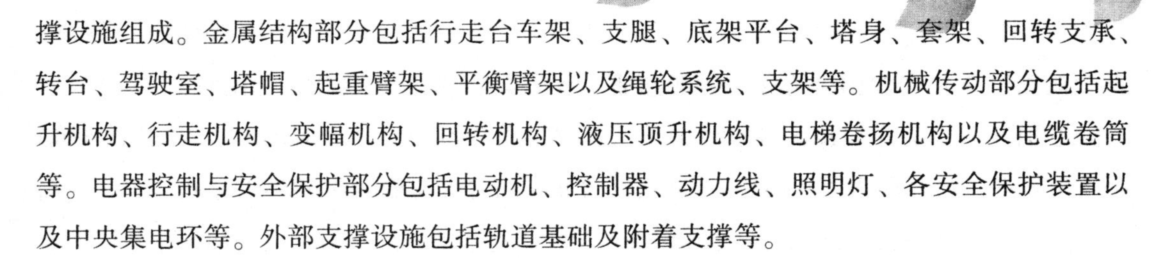

撑设施组成。金属结构部分包括行走台车架、支腿、底架平台、塔身、套架、回转支承、转台、驾驶室、塔帽、起重臂架、平衡臂架以及绳轮系统、支架等。机械传动部分包括起升机构、行走机构、变幅机构、回转机构、液压顶升机构、电梯卷扬机构以及电缆卷筒等。电器控制与安全保护部分包括电动机、控制器、动力线、照明灯、各安全保护装置以及中央集电环等。外部支撑设施包括轨道基础及附着支撑等。

2. 井字架

在垂直运输过程中，井字架的特点是稳定性好，运输量大，可以搭设较大的高度，是施工中最常用、最简便的垂直运输设施。除用型钢或钢管加工的定型井架外，还有用脚手架材料搭设而成的井架。井架多为单孔井架，但也可构成两孔或多孔井架。

3. 龙门架

龙门架是由两根三角形或矩形截面的立柱及天轮梁（横梁）构成的门式架。立柱是由若干个格构柱用螺栓拼装而成，而格构柱是用角钢及钢管焊接而成或直接用厚壁钢管构成门架。龙门架设有滑轮、导轨、吊盘、安全装置以及起重索、缆风绳等。龙门架构造简单、制作容易、用材少、装拆方便，但刚度和稳定性较差，一般适用于中小型工程。

4. 建筑施工电梯

在高层建筑施工中常采用人货两用的建筑施工电梯，它的吊笼装在井架外侧，沿齿条式轨道升降，附着在外墙或其他建筑物结构上，可载重货物 1.0～1.2 t，亦可容纳 12～15 人。其高度随着建筑物主体结构施工而提高，可达 100 m。它特别适用于高层建筑，也可用于多层厂房和一般楼房施工中的垂直运输。

三、砌筑材料

砌筑工程所用材料主要是砖、石、砌块以及砌筑砂浆。

（一）砌筑用砖

1. 砖的种类

按所用原材料分，有黏土砖、页岩砖、煤矸石砖、粉煤灰砖、灰砂砖和炉渣砖等；按生产工艺，可分为烧结砖和非烧结砖，其中，非烧结砖又可分为压制砖、蒸养砖和蒸压砖等；按有无孔洞，可分为空心砖和实心砖。

2. 砌砖前的准备

①选砖：砖的品种、强度等级必须符合设计要求，并应规格一致；用于清水墙、柱表

面的砖，外观要求尺寸准确、边角整齐、色泽均匀，无裂纹、掉角、缺棱和翘曲等严重现象。②浇水湿润：为避免砖吸收砂浆中过多的水分而影响黏结力，砖应提前1～2 d浇水湿润，并可除去砖面上的粉末。烧结普通砖含水率宜为10%～15%，但浇水过多会产生砌体走样或滑动。灰砂砖、粉煤灰砖也不宜浇水过多，其含水率控制在5%～8%为宜。

（二）砌筑用石

1. 分类

砌筑用石分为毛石和料石两类。毛石未经加工，厚度≥150 mm，体积≥0.01 m^3，分为刮毛石和平毛石。刮毛石是指形状不规则的石块；平毛石是指形状不规则，但有两个平面大致平行的石块。料石经加工，外观规矩，各面尺寸≥200 mm；按其加工面的平整程度，料石可分为细料石、半细料石、粗料石和毛料石4种。

石料按其表观密度大小分为轻石和重石两类。表观密度不大于18 kN/m^3者为轻石，表观密度大于18 kN/m^3者为重石。

2. 强度等级

根据石料的抗压强度值，将石料分为MU20、MU30、MU40、MU50、MU60、MU80、MU100共7个强度等级。

（三）砌块

1. 砌块的种类

砌块代替黏土砖作为墙体材料，是墙体改革的一个重要途径。砌块按形状分为实心砌块和空心砌块两种；按制作原料分为粉煤灰、加气混凝土、混凝土、硅酸盐、石膏砌块等数种；按规格分为小型砌块、中型砌块和大型砌块，高度在115～380 mm称为小型砌块，高度在380～980 mm称为中型砌块，高度大于980 mm称为大型砌块。

2. 砌块的规格

砌块的规格、型号与建筑的层高、开间和进深有关。由于建筑的功能要求、平面布置和立面体型各不相同，就必须选择一组符合统一模数的标准砌块，以适应不同建筑平面的变化。由于砌块的规格、型号的多少与砌块幅面尺寸的大小有关，即砌块幅面尺寸大，规格、型号就多，砌块幅面尺寸小，规格、型号就少。因此，合理地制定砌块的规格，有助于促进砌块生产的发展，加速施工进度，保证工程质量。

普通混凝土小型空心砌块主规格尺寸为390 mm×190 mm×190 mm，辅助规格尺寸为

290 mm×190 mm×90 mm。

3. 砌块的等级

普通混凝土小型空心砌块按其强度分为 MU5.0、MU7.5、MU10.0、MU15.0、MU20.0、MU25.0。

轻集料混凝土小型空心砌块按其强度分为 MU2.5、MU3.5、MU5、MU7.5、MU10。

粉煤灰混凝土小型空心砌块按其强度分为 MU3.5、MU5、MU7.5、MU10、MU15、MU20。

（四）砌筑砂浆

砌筑砂浆按组成材料的不同分为水泥砂浆、石灰砂浆和水泥混合砂浆。砌筑所用砂浆的强度等级有 M30、M25、M20、M15、M10、M7.5、M5 共 7 个等级。选择砂浆时应注意：①砂浆种类选择及其强度等级的确定，应根据设计要求。②水泥砂浆和水泥混合砂浆可用于砌筑潮湿环境和强度要求较高的砌体，但对于基础一般采用水泥砂浆。③石灰砂浆宜用于砌筑干燥环境中以及强度要求不高的砌体，不宜用于砌筑潮湿环境的砌体及基础，因为石灰属气硬性胶凝材料，在潮湿环境中，石灰膏不但难以结硬，而且会出现溶解流散现象。

四、砌体施工

（一）砌体施工的基本要求

砌体除采用符合质量要求的原材料外，还必须有良好的砌筑质量，以使砌体有良好的整体性、稳定性和受力性能。施工的基本要求是：灰缝横平竖直，砂浆饱满，厚薄均匀；砌块应上下错缝，内外搭砌，接槎可靠，以保证砌体的整体性；同时组砌要有规律，少砍砖，以提高砌筑效率，节约材料，冬期施工还要采取相应的措施。

（二）砖砌体施工

1. 砖墙的组砌形式

用普通砖砌筑的砖墙，依其墙面组砌形式不同，常用以下几种：一顺一丁、三顺一丁、梅花丁。

（1）一顺一丁（满顶满条）

一顺一丁砌法，是一皮中全部顺砖与一皮中全部丁砖相互间隔砌成，上下皮间的竖缝相互错开 1/4 砖长。这种砌法各皮间错缝搭接牢靠，墙体整体性较好，操作中变化小，易于掌握，砌筑时墙面也容易控制平直。但竖缝不易对齐，在墙的转角、丁字接头、门窗洞口等处都要砍砖，因此砌筑效率受到一定限制。当砌二四墙时，顶砖层的砖有两个面露出墙面（也称出面砖较多），故对砖的质量要求较高。这种砌法在砌筑中采用较多，它的墙面形式有两种：一种是顺砖层上下对齐（称十字缝）；另一种是顺砖层上下相错半砖（称骑马缝）。

（2）三顺一丁

三顺一丁砌法，是三皮中全部顺砖与一皮中全部丁砖间隔砌成，上下皮顺砖与丁砖间竖缝错开 1/4 砖长，上下皮顺砖间竖缝错开 1/2 砖长。这种砌法出面砖较少，同时在墙的转角、丁字与十字接头、门窗洞口处砍砖较少，故可提高工效。但由于顺砖层较多反面，墙面的平整度不易控制，当砖较湿或砂浆较稀时，顺砖层不易砌平且容易向外挤出，影响质量。该法砌的墙其抗压强度接近“一顺一丁”砌法，受拉受剪力学性能均较“一顺一丁”砌法为强。

（3）梅花丁

梅花丁砌法，是每皮中丁砖与顺砖相隔，上皮丁砖坐中于下皮顺砖，上下皮间竖缝相互错开 1/4 砖长。该砌法内外竖缝每皮都能错开，故抗压整体性较好，墙面容易控制平整，竖缝易于对齐，特别是当砖长、宽比例出现差异时，竖缝易控制。但顶、顺砖交替砌筑，操作时容易搞错，比较费工，抗拉强度不如三顺一丁砌法。因这种砌法外形整齐美观，所以多用于砌筑外墙。

除以上介绍的几种外，砖墙砌筑还有五顺一丁砌法、全顺砌法、全丁砌法、两平一侧砌法、空斗墙等。

五顺一丁砌法与三顺一丁砌法基本相同，仅在两个丁砖层中间多砌两皮顺砖。全顺砌法（条砌法），每皮砖全部用顺砖砌筑，两皮间竖缝搭接 1/2 砖长，此种砌法仅用于半砖隔断墙。全丁砌法，每皮全部用丁砖砌筑，两皮间竖缝搭接为 1/4 砖长，此种砌法一般多用于圆形建筑物，如水塔、烟囱、水池、圆仓等。两平一侧砌法（18 cm 墙），两皮平砌的顺砖旁砌一皮侧砖，其厚度为 18 cm，两平砌层间竖缝应错开 1/2 砖长，平砌层与侧砌层间竖缝可错开 1/4 或 1/2 砖长，此种砌法比较费工，墙体的抗震性能较差，但能节约用砖量。空斗墙有两种砌法：一种是有眠空斗墙，是将砖侧砌（称斗）与平砌（称眠）相互交替叠砌而成，形式有一斗一眠及多斗一眠等；第二种称为无眠空斗墙，是由两块砖侧砌的平行壁体及互相间用侧砖丁砌横向连接而成。

2. 砌筑工艺

砖墙砌筑的施工过程一般有抄平、放线、摆砖、立皮数杆、盘角、挂线、砌砖、勾缝、清理等工序。

（1）抄平

砌墙前应在基础防潮层或楼面上定出各层标高，厚度不大于 20 mm 时用 1∶3 水泥砂浆找平，厚度大于 20 mm 时一般用 C15 细石混凝土找平，使各段砖墙底部标高符合设计要求。

（2）放线

根据龙门板上给定的控制轴线及图纸上标注的墙体尺寸，在基础顶面上用墨线弹出墙的轴线和墙的宽度线，并定出门洞口位置线。利用预先引测在外墙面上的墙身中心轴线，借助于经纬仪把墙身中心轴线引测到楼层上去，或用线坠挂，对准外墙面上的墙身中心轴线，从而向上引测。根据标高控制点，测出水平标高，为竖向尺寸控制确定基准。

（3）摆砖

摆砖是指在放线的基面上按选定的组砌方式用干砖试摆。尽量使门窗垛符合砖的模数，偏差可通过竖缝调整，以减小砍砖数量，并保证砖及砖缝排列整齐、均匀，以提高砌砖效率。摆砖的目的是核对所放的墨线在门窗洞口、附墙垛等处是否符合砖的模数，尽可能减少砍砖。

（4）立皮数杆

皮数杆是指在其上画有每皮砖和砖缝厚度以及门窗洞口、过梁、楼板、梁底、预埋件等标高位置的一种木制标杆。

（5）盘角、挂线

墙角是控制墙面横平竖直的主要依据，因此，一般砌筑时应先砌墙角。墙角砖层高度必须与皮数杆相符合，做到“三皮一吊，五皮一靠”，墙角必须双向垂直。

为保证砌体垂直平整，砌筑时必须挂线，一般二四墙可单面挂线，三七墙及以上的墙则应双面挂线。

（6）砌砖

砌砖的操作方法有很多，常用的是“三一”砌砖法和挤浆法。“三一”砌砖法的操作要点是一铲灰、一块砖、一挤揉，并随手将挤出的砂浆刮去，操作时砖块要放平、跟线。挤浆法即先用砖刀或小方铲在墙上铺 500～750 mm 长的砂浆，用砌刀调整好砂浆的厚度，再将砖沿砂浆面向接口处推进并揉压，使竖向灰缝有 2/3 高的砂浆，再用砖刀将砖调平。用挤浆法砌筑时，要求砂浆的和易性一定要好。

（7）勾缝、清理

清水墙砌完后，要进行墙面修正及勾缝。墙面勾缝应横平竖直、深浅一致、搭接平整，不得有丢缝、开裂和黏结不牢等现象。砖墙勾缝宜采用凹缝或平缝，凹缝深度一般为4~5 mm。勾缝完毕后，应进行墙面、柱面和落地灰的清理。

（三）混凝土小型空心砌块砌体工程施工

砌筑墙体时，小砌块的产品龄期不应小于28 d。承重墙体使用的小砌块应完整、无破损、无裂缝。小砌块表面的污物应在砌筑时清理干净，灌孔部位的小砌块应清除掉底部孔洞周围的混凝土毛边。当砌筑厚度大于190 mm的小砌块墙体时，宜在墙体内外侧双面挂线。小砌块应将生产时的底面朝上反砌于墙上。小砌块墙内不得混砌黏土砖或其他墙体材料。当需局部嵌砌时，应采用强度等级不低于C20的适宜尺寸的配套预制混凝土砌块。

小砌块砌体应孔对孔、肋对肋错缝搭砌，搭砌应符合下列规定：

1. 单排孔小砌块的搭接长度应为块体长度的1/2，多排孔小砌块的搭接长度不宜小于砌块长度的1/3。

2. 当个别部位不能满足搭砌要求时，应在此部位的水平灰缝中设钢筋网片，且网片两端与该位置的竖缝距离不得小于400 mm，或采用配块。

3. 墙体竖向通缝不得超过2皮小砌块，独立柱不得有竖向通缝。

4. 墙体转角处和纵横交接处应同时砌筑。临时间断处应砌成斜槎，斜槎水平投影长度不应小于斜槎高度。临时施工洞口可预留直槎，但在补砌洞口时，应在直槎上下搭砌的小砌块孔洞内用强度等级不低于Cb20或C20的混凝土灌实。

5. 厚度为190 mm的自承重小砌块墙体宜与承重墙同时砌筑。厚度小于190 mm的自承重小砌块墙宜后砌，且应按设计要求预留拉结筋或钢筋网片。

6. 砌筑小砌块时，宜使用专用铺灰器铺放砂浆，且应随铺随砌。当未采用专用铺灰器时，砌筑时的一次铺灰长度不宜大于2块主规格块体的长度。水平灰缝应满铺下皮小砌块的全部壁肋或单排、多排孔小砌块的封底面；竖向灰缝宜将小砌块一个端面朝上满铺砂浆，上墙应挤紧，并应加浆插捣密实。

7. 砌筑小砌块墙体时，对一般墙面，应及时用原浆勾缝，勾缝宜为凹缝，凹缝深度宜为2 mm；对装饰夹心复合墙体的墙面，应采用勾缝砂浆进行加浆勾缝，勾缝宜为凹圆或V形缝，凹缝深度宜为4~5 mm。

8. 小砌块砌体的水平灰缝厚度和竖向灰缝宽度宜为10 mm，但不应小于8 mm，也不应大于12 mm，且灰缝应横平竖直。

9. 需移动砌体中的小砌块或砌筑完成的砌体被撞动时，应重新铺砌。

10. 砌入墙内的构造钢筋网片和拉结筋应放置在水平灰缝的砂浆层中，不得有露筋现象。钢筋网片应采用点焊工艺制作，且纵横筋相交处不得重叠点焊，应控制在同一平面内。

11. 直接安放钢筋混凝土梁、板或设置挑梁墙体的顶皮小砌块应正砌，并应采用强度等级不低于 Cb20 或 C20 混凝土灌实孔洞，其灌实高度和长度应符合设计要求。

12. 固定现浇圈梁、挑梁等构件侧模的水平拉杆、扁铁或螺栓所需的穿墙孔洞，宜在砌体灰缝中预留，或采用设有穿墙孔洞的异形小砌块，不得在小砌块上打洞。利用侧砌的小砌块孔洞进行支模时，模板拆除后应采用强度等级不低于 Cb20 或 C20 混凝土填实孔洞。

13. 砌筑小砌块墙体应采用双排脚手架或工具式脚手架。当需在墙上设置脚手眼时，可采用辅助规格的小砌块侧砌，利用其孔洞作脚手眼，墙体完工后应采用强度等级不低于 Cb20 或 C20 的混凝土填实。

14. 正常施工条件下，小砌块砌体每日砌筑高度宜控制在 1.4 m 或一步脚手架高度内。

（四）配筋砌体工程施工

1. 配筋砖砌体施工

钢筋砖过梁内的钢筋应均匀、对称放置，过梁底面应铺 1∶2.5 水泥砂浆层，其厚度不宜小于 30 mm；钢筋应埋入砂浆层中，两端伸入支座砌体内的长度不应小于 240 mm，并应有 90°弯钩埋入墙的竖缝内。钢筋砖过梁的第一皮砖应丁砌。

网状配筋砌体的钢筋网宜采用焊接网片。

由砌体和钢筋混凝土或配筋砂浆面层构成的组合砌体构件，其连接受力钢筋的拉结筋应在两端做成弯钩，并在砌筑砌体时正确埋入。组合砌体构件的面层施工，应在砌体外围分段支设模板，每段支模高度宜在 500 mm 以内，浇水润湿模板及砖砌体表面，分层浇筑混凝土或砂浆，并振捣密实；钢筋砂浆面层施工可采用分层抹浆的方法，面层厚度应符合设计要求。

设置钢筋混凝土构造柱的砌体，应按先砌墙后浇筑构造柱混凝土的顺序施工。浇筑混凝土前应将砖砌体与模板浇水润湿，并清理模板内残留的杂物。构造柱混凝土可分段浇筑，每段高度不宜大于 2 m，浇筑时应采用小型插入式振动棒边浇筑边振捣的方法。钢筋混凝土构造柱的竖向受力钢筋应在基础梁和楼层圈梁中锚固，锚固长度应符合设计要求。墙体与构造柱的连接处应砌成马牙槎。

2. 配筋砌块砌体施工

配筋砌块砌体应采用专用砌筑砂浆和专用灌孔混凝土。

芯柱的纵向钢筋应通过清扫口与基础圈梁、楼层圈梁、连系梁伸出的竖向钢筋绑扎搭接或焊接连接，搭接或焊接长度应符合设计要求。当钢筋直径大于 22 mm 时，宜采用机械连接。

芯柱竖向钢筋应居中设置，顶端固定后再浇筑芯柱混凝土。

配筋砌块砌体剪力墙的水平钢筋，在凹槽砌块的混凝土带中的锚固、搭接长度应符合设计要求。

配筋砌块砌体剪力墙两平行钢筋间的净距不应小于 50 mm。水平钢筋搭接时应上下搭接，并应加设短筋固定。水平钢筋两端宜锚入端部灌孔混凝土中。浇筑芯柱混凝土时，其连续浇筑高度不应大于 1.8 m。

当剪力墙墙端设置钢筋混凝土柱作为边缘构件时，应按先砌砌块墙体、后浇筑混凝土柱的施工顺序，墙体中的水平钢筋应在柱中锚固，并应满足钢筋的锚固长度要求。

（五）填充墙砌体工程施工

1. 烧结空心砖砌体施工

烧结空心砖墙应侧立砌筑，孔洞应呈水平方向。空心砖墙底部宜砌筑 3 皮普通砖，且门窗洞口两侧一砖范围内应采用烧结普通砖砌筑。

砌筑空心砖墙的水平灰缝厚度和竖向灰缝宽度宜为 10 mm，且不应小于 8 mm，也不应大于 12 mm。竖缝应采用刮浆法，先抹砂浆后再砌筑。

砌筑时，墙体的第一皮空心砖应进行试摆。排砖时，不够半砖处应采用普通砖或配砖补砌，半砖以上的非整砖宜采用无齿锯加工制作。

烧结空心砖砌体组砌时应上下错缝，交接处应咬槎搭砌，掉角严重的空心砖不宜使用。转角及交接处应同时砌筑，不得留直槎，留斜槎时斜槎高度不宜大于 1.2 m。

外墙采用空心砖砌筑时，应采取防雨水渗漏的措施。

2. 轻骨料混凝土小型空心砌块砌体施工

当小砌块墙体孔洞中需填充隔热或隔声材料时，应砌一皮填充一皮，且应填满，不得捣实。

轻骨料混凝土小型空心砌块填充墙砌体，在纵横墙交接处及转角处应同时砌筑；当不

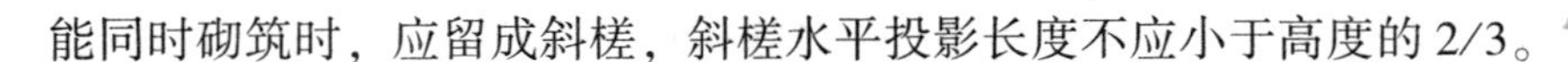

能同时砌筑时，应留成斜槎，斜槎水平投影长度不应小于高度的 2/3。

当砌筑带保温夹心层的小砌块墙体时，应将保温夹心层一侧靠置室外，并应对孔错缝。左右相邻小砌块中的保温夹心层应互相衔接，上下皮保温夹心层间的水平灰缝处宜采用保温砂浆砌筑。

3. 蒸压加气混凝土砌块砌体施工

填充墙砌筑时应上下错缝，搭接长度不宜小于砌块长度的 1/3，且不应小于 150 mm。当不能满足时，在水平灰缝中应设置双向钢筋或钢筋网片加强，加强筋从砌块搭接的错缝部位起，每侧搭接长度不宜小于 700 mm。

蒸压加气混凝土砌块采用薄层砂浆砌筑法砌筑时应符合下列规定：

①砌筑砂浆应采用专用黏结砂浆。

②砌块不得用水浇湿，其灰缝厚度宜为 2~4 mm。

③砌块与拉结筋的连接，应预先在相应位置的砌块上表面开设凹槽，砌筑时钢筋应居中放置在凹槽砂浆内。

④砌块砌筑过程中，当在水平面和垂直面上有超过 2 mm 的错边量时，应采用钢齿磨板和磨砂板磨平方可进行下道工序施工。

采用非专用黏结砂浆砌筑时，水平灰缝厚度和竖向灰缝宽度不应超过 15 mm。

五、墙体保温工程施工

墙体保温工程一般有外墙外保温和外墙内保温两种形式。这里学习外墙外保温工程施工。

外墙外保温系统是由保温层、防护层和固定材料构成，并固定在外墙外表面的非承重保温构造的总称，简称外保温系统。

外墙外保温工程是将外保温系统通过施工或安装，固定在外墙外表面上所形成的建筑构造实体，简称外保温工程。

（一）粘贴保温板薄抹灰外保温系统施工

粘贴保温板薄抹灰外保温系统由黏结层、保温层、抹面层和饰面层构成。黏结层材料应为胶黏剂；保温层材料可为 EPS 板、XPS 板和 PUR 板或 PIR 板；抹面层材料应为抹面胶浆，抹面胶浆中满铺玻纤网；饰面层可为涂料或饰面砂浆。

1. 当粘贴保温板薄抹灰外保温系统做找平层时，找平层应与基层墙体黏结牢固，不得有脱层、空鼓、裂缝，面层不得有粉化、起皮、爆灰等现象。

2. 保温板应采用点框粘法或条粘法固定在基层墙体上，EPS 板与基层墙体的有效粘贴面积不得小于保温板面积的 40%，并宜使用锚栓辅助固定；XPS 板和 PUR 板或 PIR 板与基层墙体的有效粘贴面积不得小于保温板面积的 50%，并应使用锚栓辅助固定。

3. 受负风压作用较大的部位宜增加锚栓辅助固定。保温板宽度不宜大于 1200 mm，高度不宜大于 600 mm。保温板应按顺砌方式粘贴，竖缝应逐行错缝。保温板应粘贴牢固，不得有松动。

4. XPS 板内外表面应做界面处理。

5. 墙角处保温板应交错互锁。门窗洞口四角处保温板不得拼接，应采用整块保温板切割成形。

（二）胶粉聚苯颗粒保温浆料外保温系统施工

胶粉聚苯颗粒保温浆料外保温系统由界面层、保温层、抹面层和饰面层构成，界面层材料应为界面砂浆；保温层材料应为胶粉聚苯颗粒保温浆料，经现场拌和均匀后抹在基层墙体上；抹面层材料应为抹面胶浆，抹面胶浆中满铺玻纤网；饰面层可为涂料或饰面砂浆。

1. 胶粉聚苯颗粒保温浆料保温层设计厚度不宜过 100 mm。

2. 胶粉聚苯颗粒保温浆料宜分遍抹灰，每遍间隔应在前一遍保温浆料终凝后进行，每遍抹灰厚度不宜超过 20 mm。第一遍抹灰应压实，最后一遍应找平并搓平。

（三）EPS 板现浇混凝土外保温系统施工

EPS 板现浇混凝土外保温系统应以现浇混凝土外墙作为基层墙体，EPS 板为保温层，EPS 板内表面（与现浇混凝土接触的表面）开有凹槽，内外表面均应满涂界面砂浆。

1. 施工时应将 EPS 板置于外模板内侧，并安装辅助固定件。EPS 板表面应做抹面胶浆抹面层，抹面层中满铺玻纤网；饰面层可为涂料或饰面砂浆。

2. 进场前 EPS 板内外表面应预喷刷界面砂浆。EPS 板宽度宜为 1200 mm，高度宜为建筑物层高。辅助固定件每平方米宜设 2~3 个。

3. 水平分隔缝宜按楼层设置。垂直分隔缝宜按墙面面积设置，在板式建筑中不宜大于 30 m^2，在塔式建筑中宜留在阴角部位。

4. 宜采用钢制大模板施工。混凝土墙外侧钢筋保护层厚度应符合设计要求。混凝土一次浇注高度不宜大于 1 m。混凝土应振捣密实均匀，墙面及接槎处应光滑、平整。混凝土结构验收后，保温层中的穿墙螺栓孔洞应使用保温材料填塞，EPS 板缺损或表面不平整处宜使用胶粉聚苯颗粒保温浆料修补和找平。

（四）EPS 钢丝网架板现浇混凝土外保温系统施工

EPS 钢丝网架板现浇混凝土外保温系统应以现浇混凝土外墙作为基层墙体，EPS 钢丝网架板为保温层，钢丝网架板中的 EPS 板外侧开有凹槽。施工时应将钢丝网架板置于外墙外模板内侧，并在 EPS 板上安装辅助固定件。钢丝网架板表面应涂抹掺外加剂的水泥砂浆抹面层，外表可做饰面层。

1. EPS 钢丝网架板构造设计和施工安装应注意现浇混凝土侧压力影响，抹面层应均匀平整且厚度不宜大于 25 mm，钢丝网应完全包覆于抹面层中。

2. 进场前 EPS 钢丝网架板内外表面及钢丝网架上均应预喷刷界面砂浆。

3. 应采用钢制大模板施工。EPS 钢丝网架板和辅助固定件安装位置应准确。混凝土墙外侧钢筋保护层厚度应符合设计要求。

4. 辅助固定件每平方米不应少于 4 个，锚固深度不得小于 50 mm。

5. EPS 钢丝网架板竖缝处应连接牢固。阳角及门窗洞口等处应附加钢丝角网，附加的钢丝角网应与原钢丝网架绑扎牢固。

6. 在每层层间宜留水平分隔缝，分隔缝宽度为 15~20 mm。分隔缝处的钢丝网和 EPS 板应断开。抹灰前应嵌入塑料分隔条或泡沫塑料棒，外表应用建筑密封膏嵌缝。垂直分隔缝宜按墙面面积设置，在板式建筑中不宜大于 30 m^2，在塔式建筑中宜留在阴角部位。

7. 混凝土一次浇筑高度不宜大于 1 m。混凝土应振捣密实均匀，墙面及接槎处应光滑、平整。

8. 混凝土结构验收后，保温层中的穿墙螺栓孔洞应使用保温材料填塞，EPS 钢丝网架板缺损或表面不平整处宜使用胶粉聚苯颗粒保温浆料修补和找平。

（五）胶粉聚苯颗粒浆料贴砌 EPS 板外保温系统施工

胶粉聚苯颗粒浆料贴砌 EPS 板外保温系统由界面砂浆层、胶粉聚苯颗粒贴砌浆料层、EPS 板保温层、胶粉聚苯颗粒贴砌浆料层、抹面层和饰面层构成。抹面层中应满铺玻纤网，饰面层可为涂料或饰面砂浆。

进场前 EPS 板内外表面应预喷刷界面砂浆。单块 EPS 板面积不宜大于 0.3 m^2，EPS 板与基层墙体的粘贴面上宜开设凹槽。

胶粉聚苯颗粒浆料贴砌 EPS 板外保温系统的施工应符合下列规定：

1. 基层墙体表面应喷刷界面砂浆。

2. EPS 板应使用贴砌浆料砌筑在基层墙体上，EPS 板之间的灰缝宽度宜为 10 mm，灰缝中的贴砌浆料应饱满。

3. 按顺砌方式贴砌 EPS 板，竖缝应逐行错缝，墙角处排板应交错互锁，门窗洞口四角处 EPS 板不得拼接，应采用整块 EPS 板切割成形，EPS 板接缝应离开角部至少 200 mm。

4. EPS 板贴砌完成 24 h 之后，应采用胶粉聚苯颗粒贴砌浆料进行找平，找平层厚度不宜小于 15 mm。

5. 找平层施工完成 24 h 之后，应进行抹面层施工。

（六）现场喷涂硬泡聚氨酯外保温系统施工

现场喷涂硬泡聚氨酯外保温系统由界面层、现场喷涂硬泡聚氨酯保温层、界面砂浆层、找平层、抹面层和饰面层组成。抹面层中应满铺玻纤网，饰面层可为涂料或饰面砂浆。

1. 喷涂硬泡聚氨酯时，施工环境温度不宜低于 10℃，风力不宜大于三级，空气相对湿度宜小于 85%，不应在雨天、雪天施工。当喷涂硬泡聚氨酯施工中途下雨、下雪时，作业面应采取遮盖措施。

2. 喷涂时应采取遮挡或保护措施，应避免建筑物的其他部位和施工场地周围环境受污染，并应对施工人员进行劳动保护。

3. 阴阳角及不同材料的基层墙体交接处应采取适当方式喷涂硬泡聚氨酯，保温层应连续不留缝。

4. 硬泡聚氨酯的喷涂厚度每遍不宜大于 15 mm。当需进行多层喷涂作业时，应在已喷涂完毕的硬泡聚氨酯保温层表面不粘手后进行下一层喷涂。当日的施工作业面应当日连续喷涂完毕。

5. 喷涂过程中应保持硬泡聚氨酯保温层表面平整度，喷涂完毕后保温层平整度偏差不宜大于 6 mm。应及时抽样检验硬泡聚氨酯保温层的厚度，最小厚度不得小于设计厚度。应在硬泡聚氨酯喷涂完工 2 h 后进行下道工序施工。硬泡聚氨酯保温层的表面找平宜采用轻质保温浆料。

第二节　混凝土结构工程施工工艺

一、钢筋工程施工

（一）钢筋的验收与配料

1. 钢筋的验收与储存

（1）钢筋的验收

钢筋进场应有出厂证明书或试验报告单，每捆（盘）钢筋应有标牌。钢筋应无有害的表面缺陷，按盘卷交货的钢筋应将头尾有害缺陷部分切除。钢筋进场时，应按国家现行相关标准的规定抽取试件做屈服强度、抗拉强度、伸长率、弯曲性能和重量偏差检验，检验结果应符合相应标准的规定。

（2）钢筋的储存

钢筋进场后，必须严格按批分等级、牌号、直径、长度挂牌存放，不得混淆。钢筋应尽量堆入仓库或料棚内。条件不具备时，应选择地势较高、土质坚硬的场地存放。堆放时，钢筋下部应垫高，离地至少 20 cm 高，以防钢筋锈蚀。在堆场周围应挖排水沟，以利泄水。

2. 钢筋的下料计算

钢筋的下料是指识读工程图纸，计算钢筋下料长度和编制配筋表。

（1）钢筋下料长度

①钢筋长度：施工图（钢筋图）中所指的钢筋长度是钢筋外缘至外缘之间的长度，即外包尺寸。

②混凝土保护层厚度：是指最外层钢筋外边缘至混凝土表面的距离，其作用是保护钢筋在混凝土中不被锈蚀。混凝土的保护层厚度一般用水泥砂浆垫块或塑料卡垫在钢筋与模板之间来控制。塑料卡垫的形状有塑料垫块和塑料环圈两种。塑料垫块用于水平构件，塑料环圈用于垂直构件。

③钢筋接头增加值：由于钢筋直条的供货长度一般为 6~10 m，而有的钢筋混凝土结构的尺寸很大，需要对钢筋进行接长。

④钢筋弯曲调整值：钢筋有弯曲时，在弯曲处的内侧发生收缩，外皮却出现延伸，而中心线则保持原有尺寸。钢筋长度的度量方法系指外包尺寸，因此，钢筋弯曲以后存在一个调整值，在计算下料长度时必须加以扣除。

⑤钢筋弯钩增加值：弯钩形式最常用的有半圆弯钩、直弯钩和斜弯钩。

（2）钢筋下料长度的计算

直筋下料长度=构件长度+搭接长度-保护层厚度+弯钩增加长度

弯起筋下料长度=直段长度+斜段长度+搭接长度-弯折减少长度+弯钩增加长度

箍筋下料长度=直段长度+弯钩增加长度-弯折减少长度=箍筋周长+箍筋调整值

3. 钢筋配料

钢筋配料是钢筋加工中的一项重要工作，合理地配料能使钢筋得到最大限度的利用，并使钢筋的安装和绑扎工作简单化。钢筋配料是依据钢筋表合理安排同规格、同品种的下料，使钢筋的出厂规格长度能够得以充分利用，或库存的各种规格和长度的钢筋得以充分利用。

（1）归整相同规格和材质的钢筋

下料长度计算完毕后，把相同规格和材质的钢筋进行归整和组合，同时根据现有钢筋的长度和能够及时采购到的钢筋的长度进行合理组合加工。

（2）合理利用钢筋的接头位置

对有接头的配料，在满足构件中接头的对焊或搭接长度、接头错开的前提下，必须根据钢筋原材料的长度来考虑接头的布置。要充分考虑原材料被截下的一段长度的合理使用，如果能够使一根钢筋正好分成几段钢筋的下料长度，则是最佳方案。但往往难以做到，因此在配料时，要尽量地使被截下的一段能够长一些，这样才不致使余料成为废料，从而使钢筋得到充分利用。

（3）钢筋配料应注意的事项

配料计算时，要考虑钢筋的形状和尺寸在满足设计要求的前提下，有利于加工安装；配料时，要考虑施工需要的附加钢筋，如板双层钢筋中保证上层钢筋位置的撑脚、墩墙双层钢筋中固定钢筋间距的撑铁、柱钢筋骨架增加四面斜撑等。

根据钢筋下料长度计算结果和配料选择后，汇总编制钢筋配料单。在钢筋配料单中必须反映出工程部位、构件名称、钢筋编号、钢筋简图及尺寸、钢筋直径、钢号、数量、下料长度、钢筋质量等。列入加工计划的配料单，将每一编号的钢筋制作一块料牌作为钢筋加工的依据，并在安装中作为区别各工程部位、构件和各种编号钢筋的标志。钢筋配料单和料牌应严格校核，必须准确无误，以免返工浪费。

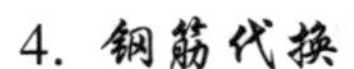

4. 钢筋代换

钢筋的级别、钢号和直径应按设计要求采用，若施工中缺乏设计图中所要求的钢筋，在征得设计单位的同意并办理设计变更文件后，可按下述原则进行代换：

①当构件按强度控制时，可按强度相等的原则代换，称为“等强代换”。

②当构件按最小配筋率配筋时，可按钢筋面积相等的原则进行代换，称为“等面积代换”。

（二）钢筋内场加工

1. 钢筋除锈

钢筋由于保管不善或存放时间过久，就会受潮生锈。在生锈初期，钢筋表面呈黄褐色，称水锈或色锈，这种水锈除在焊点附近必须清除外，一般可不处理。但是当钢筋锈蚀进一步发展，钢筋表面已形成一层锈皮，受锤击或碰撞可见其剥落，这种铁锈不能很好地与混凝土黏结，影响钢筋和混凝土的握裹力，并且在混凝土中继续发展，需要清除。

钢筋除锈方式有三种：一是手工除锈，如用钢丝刷、砂堆、麻袋砂包、砂盘等擦锈；二是机械除锈；三是在钢筋的其他加工工序的同时除锈，如在冷拉、调直过程中除锈。

2. 钢筋调直

钢筋在使用前必须经过调直，否则会影响钢筋受力，甚至会使混凝土提前产生裂缝，如未调直而直接下料，会影响钢筋的下料长度，并影响后续工序的质量。

钢筋调直一般采用机械调直，常用的调直机械有钢筋调直机、弯筋机、卷扬机等。钢筋调直机用于圆钢筋的调直和切断，并可清除其表面的氧化皮和污迹。

3. 钢筋切断

钢筋切断有手工剪断、机械切断、氧气切割三种方法。

手工剪断的工具有断线钳（用于切断 5 mm 以下的钢丝）、手动液压钢筋切断机（用于切断直径 16 mm 以下的钢筋和直径 25 mm 以下的钢绞线）。

机械切断一般采用钢筋切断机，它将钢筋原材料或已调直的钢筋切断，主要类型有机械式、液压式和手持式。机械式钢筋切断机有偏心轴立式、凸轮式和曲柄连杆式等。

直径大于 40 mm 的钢筋一般用氧气切割。

4. 钢筋弯曲成型

钢筋弯曲成型有手工和机械弯曲成型两种方法。钢筋弯曲机有机械钢筋弯曲机、液压钢筋弯曲机和钢筋弯箍机等。

数控钢筋弯曲机成型应用较多。数控钢筋弯曲机是由工业计算机精确控制弯曲以替代人工弯曲的机械，最大能加工 φ32 mm 螺纹钢。它采用专用控制系统，结合触摸屏控制界面，操作方便，电控程序内可储存上百种图形数据库。弯曲主轴由伺服控制，弯曲精度高，一次性可弯曲多根钢筋，是传统加工设备生产能力的 10 倍以上。

（三）钢筋接头的连接

钢筋的接头连接有焊接和机械连接两类。常用的钢筋焊接机械有电阻焊接机、电弧焊接机、气压焊接机及电渣压力焊机等。钢筋机械连接方法主要有钢筋套筒挤压连接、锥螺纹套筒连接等。

1. 钢筋焊接

钢筋焊接方式有电阻点焊、闪光对焊、电弧焊、电渣压力焊、埋弧压力焊、气压焊等，其中，对焊用于接长钢筋，点焊用于焊接钢筋网，埋弧压力焊用于钢筋与钢板的焊接，电渣压力焊用于现场焊接竖向钢筋。

（1）电阻点焊

电阻点焊是利用电流通过焊件时产生的电阻热作为热源，并施加一定的压力，使交叉连接的钢筋接触处形成一个牢固的焊点，将钢筋焊合起来。点焊时，将表面清理好的钢筋叠合在一起，放在两个电极之间预压夹紧，使两根钢筋交接点紧密接触。当踏下脚踏板时，带动压紧机构使上电极压紧钢筋，同时断路器也接通电路，电流经变压器次级线圈引到电极，接触点处在极短的时间内产生大量的电阻热，使钢筋加热到熔化状态，在压力作用下两根钢筋交叉焊接在一起。当放松脚踏板时，电极松开，断路器随着杠杆下降，断开电路，点焊结束。

（2）闪光对焊

闪光对焊是利用电流通过对接的钢筋时产生的电阻热作为热源使金属熔化，产生强烈飞溅，并施加一定压力而使之焊合在一起的焊接方式。对焊不仅能提高工效，节约钢材，还能充分保证焊接质量。

闪光对焊机由机架、导向机构、移动夹具和固定夹具、送料机构、夹紧机构、电气设备、冷却系统及控制开关等组成。闪光对焊机适用于水平钢筋非施工现场连接，以及适用于直径 10~40 mm 的各种热轧钢筋的焊接。

（3）电弧焊

钢筋电弧焊是以焊条作为一极，钢筋为另一极，利用焊接电流通过产生的电弧热进行焊接的一种熔焊方法。电弧焊又分手弧焊、埋弧压力焊等。

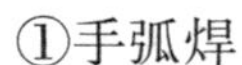

①手弧焊

手弧焊是利用手工操纵焊条进行焊接的一种电弧焊。手弧焊用的焊机有交流弧焊机（焊接变压器）、直流弧焊机（焊接发电机）等。电弧焊是利用电焊机（交流变压器或直流发电机）的电弧产生的高温（可达6000℃），将焊条末端和钢筋表面熔化，使熔化了的金属焊条流入焊缝，冷凝后形成焊缝接头。焊条的种类很多，根据钢材等级和焊接接头形式选择焊条，如结420、结500等。焊接电流和焊条直径应根据钢筋级别、直径、接头形式和焊接位置进行选择。钢筋电弧焊的接头形式有搭接接头、帮条接头、坡口接头等。

②埋弧压力焊

埋弧压力焊是将钢筋与钢板安放成T形，利用焊接电流通过时在焊剂层下产生电弧，形成熔池，加压完成的一种压焊方法。埋弧压力焊具有生产效率高、质量好等优点，适用于各种预埋件、T形接头、钢筋与钢板的焊接。预埋件钢筋压力焊适用于热轧直径6~25 mmHPB300光圆钢筋、HRB400带肋钢筋的焊接，钢板为普通碳素钢，厚度为6~20 mm。埋弧压力焊机主要由焊接电源、焊接机构和控制系统（控制箱）三部分组成。

（4）气压焊

气压焊是利用氧气和乙炔气，按一定比例混合燃烧的火焰，将被焊钢筋两端加热，使其达到热塑状态，经施加适当压力，使其接合的固相焊接法。钢筋气压焊适用于14~40 mm各种热轧钢筋，也能进行不同直径钢筋间的焊接，还可用于钢轨焊接。被焊材料有碳素钢、低合金钢、不锈钢和耐热合金等。钢筋气压焊设备轻便，可进行水平、垂直、倾斜等全方位焊接，具有节省钢材、施工费用低等优点。

钢筋气压焊接机由供气装置（氧气瓶、溶解乙炔瓶等）、多嘴环管加热器、加压器（油泵、顶压油缸等）、焊接夹具及压接器等组成。

钢筋气压焊采用氧—乙炔火焰对着钢筋对接处连续加热，淡白色羽状火焰前端要触及钢筋或伸到接缝内，火焰始终不离开接缝，待接缝处钢筋红热时，加足顶锻压力使钢筋端面闭合。钢筋端面闭合后，把加热焰调成乙炔稍多的中性焰，以接合面为中心，多嘴加热器沿钢筋轴向在2倍钢筋直径范围内均匀摆动加热。摆幅由小变大，摆速逐渐加快。当钢筋表面变成炽白色，氧化物变成芝麻粒大小的灰白色球状物继而聚集成泡沫，开始随多嘴加热器摆动方向移动时，再加足顶锻压力，并保持压力直到使接合处对称均匀变粗，其直径为钢筋直径的1.4~1.6倍，变形长度为钢筋直径的1.2~1.5倍，即可终断火焰，焊接完成。

（5）电渣压力焊

钢筋电渣压力焊是将两根钢筋安放成竖向对接形式，利用焊接电流通过两钢筋端面间隙，在焊剂层下形成电弧过程和电渣过程，产生电弧热和电阻热，熔化钢筋，加压完成的一种焊接方法。钢筋电渣压力焊机操作方便、效率高，适用于竖向或斜向受力钢筋的连接，如直径为 12~40 mm 的 HPB300 光圆钢筋、HRB400 月牙肋带肋钢筋连接。

电渣压力焊机分为自动电渣压力焊机和手工电渣压力焊机两种，主要由焊接电源（BX2-1000 型焊接变压器）、焊接夹具、操作控制系统、辅件（焊剂盒、回收工具）等组成。

2. 钢筋机械连接

钢筋机械连接有挤压连接和螺纹套管连接两种形式。螺纹套管连接又分为锥螺纹套管连接和直螺纹套管连接，现在工程中一般采用直螺纹套管连接。

直螺纹套管连接是通过滚轮将钢筋端头部分压圆并一次性滚出螺纹，利用螺纹的机械咬合力传递拉力或压力。直螺纹套管连接适用于连接 HRB 400 级、HRBF 400 级钢筋，优点是工序简单、速度快、不受气候因素影响。

（1）连接套筒

连接套筒有标准型、扩口型、变径型、正反丝型。标准型是右旋内螺纹的连接套筒接套。扩口型是在标准型连接套的一端增加 45°~60°扩口段，用于钢筋较难对中的场合。变径型是右旋内螺纹的变直径连接套，用于连接不同直径的钢筋。正反丝型是左、右旋内螺纹的等直径连接套，用于钢筋不能转动而要求对接的场合。

（2）施工机具

直螺纹套管连接施工中所用的主要机具包括钢筋套丝机、镦粗机、扳手。

钢筋直螺纹滚丝机由机架、夹紧机构、进给拖板、减速机及滚丝头、冷却系统、电器系统组成。使用时，把钢筋端头部位一次快速直接滚制，使纹丝机头部位产生冷性硬化，从而使强度得到提高，使钢筋丝头达到与母材相同。

（3）螺纹加工

①按钢筋规格调整钢筋螺纹加工长度并调整好滚丝头内孔最小尺寸。

②按钢筋规格更换涨刀环，并按规定的丝头加工尺寸调整好剥肋直径尺寸。

③调整剥肋挡块及滚压行程开关位置，保证剥肋及滚压螺纹的长度符合丝头加工尺寸的规定。

④钢筋丝头长度的确定。确定原则：以钢筋连接套筒长度的一半为钢筋丝扣长度。允许偏差为 0~2P（P 为螺距），施工中一般按 0~1P 控制。

（4）直螺纹钢筋连接

①连接钢筋时，钢筋规格和套筒的规格必须一致，钢筋螺纹的形式、螺距、螺纹外径

和套筒匹配，并确保钢筋和套筒的丝扣应干净、完好无损。

②滚压直螺纹接头的连接应用管钳或扳手进行施工。

③连接钢筋时，应对准轴线将钢筋拧入套筒。

④接头拼接完成后，应使两个丝头在套筒中央位置互相顶紧，套筒每端不得有一扣以上的完整丝扣外露，加长型丝扣的外露丝扣数不受限制，但应有明显标记，以检查进入套筒的丝头长度是否满足要求。

（四）钢筋的现场安装

1. 隐蔽工程验收

浇筑混凝土之前，应进行钢筋隐蔽工程验收。隐蔽工程验收应包括下列主要内容：①纵向受力钢筋的牌号、规格、数量、位置。②钢筋的连接方式、接头位置、接头质量、接头面积百分率、搭接长度、锚固方式及锚固长度。③箍筋、横向钢筋的牌号、规格、数量、间距、位置，箍筋弯钩的弯折角度及平直段长度。④预埋件的规格、数量和位置。

2. 现场安装要求

钢筋采用机械连接或焊接连接时，钢筋机械连接接头、焊接接头的力学性能、弯曲性能应符合国家现行有关标准的规定。钢筋采用机械连接时，螺纹接头应检验拧紧扭矩值，挤压接头应量测压痕直径，检验结果应符合规定。

钢筋接头的位置应符合设计和施工方案要求。有抗震设防要求的结构中，梁端、柱端箍筋加密区范围内不应进行钢筋搭接。接头末端至钢筋弯起点的距离不应小于钢筋直径的10倍。

3. 钢筋安装

钢筋加工后运至现场进行安装。钢筋绑扎、安装前，应先熟悉图样，核对钢筋配料单和钢筋加工牌，研究与有关工种的配合，确定施工方法。

钢筋的接长、钢筋骨架或钢筋网的成型应优先采用焊接或机械连接，如果不能采用焊接或骨架过大过重不便于运输安装时，可采用绑扎的方法。钢筋绑扎一般采用20~22号铁丝，铁丝过硬时可经退火处理。绑扎时应注意钢筋位置是否准确，绑扎是否牢固，搭接长度及绑扎点位置是否符合规范要求。钢筋绑扎的细部构造应符合下列规定：

①钢筋的绑扎搭接接头应在接头中心和两端用铁丝扎牢。

②墙、柱、梁钢筋骨架中各垂直面钢筋网交叉点应全部扎牢；板上部钢筋网的交叉点应全部扎牢，底部钢筋网除边缘部分外可间隔交错扎牢。

③梁、柱的箍筋弯钩及焊接封闭箍筋的对焊点应沿纵向受力钢筋方向错开设置。构件同一表面，焊接封闭箍筋的对焊接头面积百分率不宜超过50%。

④填充墙构造柱纵向钢筋宜与框架梁钢筋共同绑扎。

⑤梁及柱中箍筋、墙中水平分布钢筋及暗柱箍筋、板中钢筋距构件边缘的距离宜为50 mm。

钢筋安装应与模板安装相配合。柱钢筋现场绑扎时，一般在模板安装前进行；柱钢筋采用预制安装时，可先安装钢筋骨架，然后安装柱模板，或先安装三面模板，待钢筋骨架安装后再钉第四面模板。梁的钢筋一般在梁模板安装后，再安装或绑扎；断面高度较大（大于600 mm）或跨度较大、钢筋较密的大梁，可留一面侧模，待钢筋安装或绑扎完后再钉。楼板钢筋绑扎应在楼板模板安装后进行，并应按设计先画线，然后摆料、绑扎。

钢筋保护层应按设计或规范的要求正确确定。工地常用预制水泥垫块垫在钢筋与模板之间，以控制保护层厚度。垫块应布置成梅花形，其相互间距不大于1 m。上下双层钢筋之间的尺寸，可绑扎短钢筋或设置撑脚来控制。

二、模板工程施工

（一）模板构造

模板与其支撑体系组成模板系统。模板系统是一个临时架设的结构体系，其中模板是新浇混凝土成型的模具，它与混凝土直接接触，使混凝土构件具有要求的形状、尺寸和表面质量；支撑体系是指支撑模板，承受模板、构件及施工中各种荷载的作用，并使模板保持要求的空间位置的临时结构。

模板应保证混凝土浇筑后的各部分形状和尺寸以及相互位置的准确性；具有足够的稳定性、刚度及强度；装拆方便，能够多次周转使用，形式要尽量做到标准化、系列化；接缝应不易漏浆，表面应光洁平整。

1. 模板的分类

（1）按模板形状分为平面模板和曲面模板。平面模板又称为侧面模板，主要用于结构物垂直面；曲面模板用于某些形状特殊的部位。

（2）按模板材料分为木模板、竹模板、钢模板、混凝土预制模板、塑料模板、橡胶模板等。

（3）按模板受力条件分为承重模板和侧面模板。承重模板主要承受混凝土重量和施工中的垂直荷载；侧面模板主要承受新浇混凝土的侧压力，侧面模板按其支承受力方式又分为简支模板、悬臂模板和半悬臂模板。

(4) 按模板使用特点分为固定式、拆移式、移动式和滑动式。固定式用于形状特殊的部位，不能重复使用。后三种模板都能重复使用，或连续使用在形状一致的部位。但其使用方式有所不同：拆移式模板需要拆散移动；移动式模板的车架装有行走轮，可沿专用轨道使模板整体移动；滑动式模板是以千斤顶或卷扬机为动力，可在混凝土连续浇筑的过程中，使模板面紧贴混凝土面滑动。

2. 定型组合钢模板

定型组合钢模板系列包括钢模板、连接件、支承件三个部分。其中，钢模板包括平面钢模板和拐角模板；连接件有 U 形卡、L 形插销、钩头螺栓、紧固螺栓、蝶形扣件等；支承件有圆钢管、薄壁矩形钢管、内卷边槽钢、单管伸缩支撑等。

(1) 钢模板的规格和型号

钢模板包括平面模板、阳角模板、阴角模板和连接角模。单块钢模板由面板、边框和加劲肋焊接而成。面板厚 2.3 mm 或 2.5 mm，边框和加劲肋上面按一定距离（如 150 mm）钻孔，可利用 U 形卡和 L 形插销等拼装成大块模板。

钢模板的宽度以 50 mm 进级，长度以 150 mm 进级，其规格和型号已做到标准化、系列化。如型号为 P3015 的钢模板，P 表示平面模板，3015 表示宽×长为 300 mm×1500 mm；又如型号为 Y1015 的钢模板，Y 表示阳角模板，1015 表示宽×长为 100 mm×1500 mm。如拼装时出现不足模数的空隙时，可镶嵌木条补缺，用钉子或螺栓将木条与板块边框上的孔洞连接。

(2) 连接件

①U 形卡：用于钢模板之间的连接与锁定，使钢模板拼装密合。U 形卡安装间距一般不大于 300 mm，即每隔一孔卡插一个，安装方向一顺一倒相互交错。

②L 形插销：插入模板两端边框的插销孔内，用于增强钢模板纵向拼接的刚度和保证接头处板面平整。

③钩头螺栓：用于钢模板与内、外钢楞之间的连接固定，使之成为整体。安装间距一般不大于 600 mm，长度应与采用的钢楞尺寸相适应。

④对拉螺栓：用来保持模板与模板之间的设计厚度并承受混凝土侧压力及水平荷载，使模板不致变形。

⑤紧固螺栓：用于紧固钢模板内外钢楞，增强组合模板的整体刚度，长度与采用的钢楞尺寸相适应。

⑥扣件：用于将钢模板与钢楞紧固，与其他配件一起将钢模板拼装成整体。按钢楞的

不同形状尺寸，分别采用蝶形扣件和“3”形扣件，其规格分为大小两种。

（3）支承件

配件的支承件包括钢楞、柱箍、梁卡具、圈梁卡具、钢桁架、斜撑、组合支柱、钢管脚手支架、平面可调桁架和曲面可变桁架等。

3. 木模板

木模板的木材主要采用松木和杉木，其含水率不宜过高，以免干裂，材质不宜低于三等材。

木模板的基本元件是拼板，它由板条和拼条（木档）组成。板条厚25~50 mm，宽度不宜超过200 mm，以保证在干缩时缝隙均匀，浇水后缝隙要严密且板条不翘曲，但梁底板的板条宽度不受限制，以免漏浆。拼条截面尺寸为25 mm×35 mm~50 mm×50 mm，拼条间距根据施工荷载大小及板条的厚度而定，一般取400~500 mm。

4. 钢框胶合板模板

钢框胶合板模板是指钢框与木胶合板或竹胶合板结合使用的一种模板。钢框胶合板模板由钢框和防水木、竹胶合板平铺在钢框上，用沉头螺栓与钢框连牢，用于面板的竹胶合板是用竹片或竹帘涂胶黏剂，纵横向铺放，组坯后热压成型。为使钢框竹胶合板板面光滑平整，便于脱模和增加周转次数，一般板面采用涂料覆面处理或浸胶纸覆面处理。

5. 滑动模板

滑动模板简称滑模，是在混凝土连续浇筑过程中，可使模板面紧贴混凝土面滑动的模板。采用滑模施工要比常规施工节约木材（包括模板和脚手板等）70%左右，节约劳动力30%~50%，缩短施工周期30%~50%。滑模施工的结构整体性好、抗震效果明显，适用于高层或超高层抗震建筑物和高耸构筑物施工。滑模施工的设备便于加工、安装、运输。

（1）滑模系统的组成

①模板系统：包括提升架、围圈、模板及加固、连接配件。

②施工平台系统：包括工作平台、外圈走道、内外吊脚手架。

③提升系统：包括千斤顶、油管、分油器、针形阀、控制台、支承杆及测量控制装置。

（2）主要部件的构造及作用

①提升架：是整个滑模系统的主要受力部分。各项荷载集中传至提升架，最后通过装设在提升架上的千斤顶传至支承杆上。提升架由横梁、立柱、牛腿及外挑架组成。各部分尺寸及杆件断面应通盘考虑并经计算确定。

②围圈：是模板系统的横向连接部分，将模板按工程平面形状组合为整体。围圈也是受力部件，它既承受混凝土侧压力产生的水平推力，又承受模板的重量，以及滑动时产生的摩阻力等竖向力。在有些滑模系统设计中，也将施工平台支承在围圈上。围圈架设在提升架的牛腿上，各种荷载将最终传至提升架上。围圈一般用型钢制作。

③模板：是混凝土成型的模具，要求板面平整、尺寸准确、刚度适中。模板高度一般为 90~120 cm、宽度为 50 cm，但根据需要也可加工成小于 50 cm 的异形模板。模板通常用钢材制作，也有用其他材料制作的，如钢木组合模板，是用硬质塑料板或玻璃钢等材料作面板的有机材料复合模板。

④施工平台：施工平台是滑模施工中各工种的作业面及材料、工具的存放场所。施工平台应视建筑物的平面形状、开门大小、操作要求及荷载情况设计。施工平台必须有可靠的强度及必要的刚度，确保施工安全，防止平台变形导致模板倾斜。如果跨度较大时，在平台下应设置承托桁架。

⑤吊脚手架：用于对已滑出的混凝土结构进行处理或修补，要求沿结构内外两侧周围布置。吊脚手架的高度一般为 1.8 m，可以设双层或三层。吊脚手架要有可靠的安全设备及防护设施。

⑥提升设备：由液压千斤顶、液压控制台、油路及支承杆组成。支承杆可用直径 25 mm的光圆钢筋，每根支承杆长度以 3.5~5 m 为宜。支承杆的接头可用螺栓连接（支承杆两头加工成阴阳螺纹）或现场用小坡口焊接连接。若回收重复使用，则需要在提升架横梁下附设支承杆套管。如有条件并经设计部门同意，则该支承杆钢筋可以直接浇灌在混凝土中以代替部分结构配筋，可利用 50%~60%。

6. 爬升模板

爬升模板是在混凝土墙体浇筑完毕后，利用提升装置将模板自行提升到上一个楼层，浇筑上一层墙体的垂直移动式模板。爬升模板采用整片式大平模，模板由面板及肋组成，而不需要支撑系统；提升设备采用电动螺杆提升机、液压千斤顶或导链。爬升模板是将大模板工艺和滑升模板工艺相结合，既保持了大模板施工墙面平整的优点，又保持了滑模利用自身设备使模板向上提升的优点，墙体模板能自行爬升而不依赖塔吊。爬升模板适用于高层建筑墙体、电梯井壁、管道间混凝土施工。

7. 台模

台模是浇筑钢筋混凝土楼板的一种大型工具式模板。在施工中可以整体脱模和转运，利用起重机从浇筑完的楼板下吊出，转移至上一楼层，中途不再落地，因此亦称“飞模”。

台模按其支架结构类型分为立柱式台模、桁架式台模、悬架式台模等。

台模适用于各种结构的现浇混凝土，适用于小开间、小进深的现浇楼板施工。单座台模面板的面积从 2 ~ 6 m^2 到 60 m^2 以上。台模整体性好，混凝土表面容易平整，施工进度快。

台模由台面、支架（支柱）、支腿、调节装置、行走轮等组成。台面是直接接触混凝土的部件，表面应平整光滑，具有较高的强度和刚度。常用的面板有钢板、胶合板、铝合金板、工程塑料板及木板等。

（二）模板设计

常用定型模板在其适用范围内一般无须进行设计或验算。而对一些特殊结构、新型体系模板或超出适用范围的一般模板，则应进行设计或验算。由于模板为一临时性系统，因此，对钢模板及其支架的设计，其设计荷载值可乘以系数 0.85 予以折减；对木模板及其支架系统设计，其设计荷载值可乘以系数 0.9 予以折减；对冷弯薄壁型钢不予折减。

作用在模板系统上的荷载分为永久荷载和可变荷载。永久荷载包括模板与支架的自重、新浇混凝土自重及对模板侧面的压力、钢筋自重等。可变荷载包括施工人员及施工设备荷载、振捣混凝土时产生的荷载、倾倒混凝土时产生的荷载。计算模板及其支架时，应根据构件的特点及模板的用途进行荷载组合，各项荷载标准值按下列规定确定：

（1）模板及其支架自重标准值

可根据模板设计图纸或类似工程的实际支模情况予以计算荷载。

（2）新浇混凝土自重标准值

普通混凝土可采用 24 kN/m^2，其他混凝土根据其实际密度确定。

（3）钢筋自重标准值

钢筋自重标准值根据工程图纸确定。一般梁板结构每立方钢筋混凝土的钢筋重量为楼板 1.1 kN，梁 1.5 kN。

（4）施工人员及施工设备荷载标准值

①计算模板及直接支承模板的小楞时，均布荷载为 2.5 kN/m^2，并应另以集中荷载 2.5 kN再进行验算，比较两者所得弯矩值取大者。

②计算直接支承小楞结构构件时，其均布荷载可取 1.5 kN/m^2。

③计算支架立柱及其他支承结构构件时，均布荷载取 1.0 kN/m^2。

对大型浇筑设备（上料平台、混凝土泵等）按实际情况计算；混凝土堆集料高度超过 100 mm 以上时，按实际高度计算；模板单块宽度小于 150 mm 时，集中荷载可分布在相邻

的两块板上。

（5）振捣混凝土时产生的荷载标准值

对水平面模板为 2.0 kN/m^2，对垂直面模板为 4.0 kN/m^2。

为了便于计算，模板结构设计计算时可做适当简化，即所有荷载可假定为均匀荷载。单元宽度面板、内楞和外楞、小楞和大楞或桁架均可视为梁，支撑跨度等于或多于两跨的可视为连续梁，并视实际情况可分别简化为简支梁、悬臂梁、两跨或三跨连续梁。

当验算模板及其支架的刚度时，其变形值不得超过下列数值：

①结构表面外露的模板，为模板构件跨度的 1/400。

②结构表面隐蔽的模板，为模板构件跨度的 1/250。

③支架压缩变形值或弹性挠度为相应结构自由跨度的 1/1000。当验算模板及其支架在风荷载作用下的抗倾倒稳定性时，抗倾倒系数不应小于 1.15。

模板系统的设计包括选型、选材、荷载计算、拟订制作安装和拆除方案、绘制模板图等。

（三）模板制作安装与拆除

1. 模板制作安装

模板应按图加工、制作。通用性强的模板宜制作成定型模板。

模板面板背侧的木方高度应一致。制作胶合板模板时，其板面拼缝处应密封。地下室外墙和人防工程墙体的模板对拉螺栓中部应设止水片，止水片应与对拉螺栓环焊。

与通用钢管支架匹配的专用支架，应按图加工、制作。搁置于支架顶端可调托座上的主梁，可采用木方、木工字梁或截面对称的型钢制作。

支架立柱和竖向模板安装在基土上时，应符合下列规定：

①应设置具有足够强度和支承面积的垫板，且应中心承载。

②基土应坚实，并应有排水措施；对湿陷性黄土，应有防水措施；对冻胀性土，应有防冻融措施。

③对软土地基，当需要时可采用堆载预压的方法调整模板面的安装高度。

竖向模板安装时，应在安装基层面上测量放线，并应采取保证模板位置准确的定位措施。对竖向模板及支架，安装时应有临时稳定措施。安装位于高空的模板时，应有可靠的防倾覆措施。应根据混凝土一次浇筑高度和浇筑速度，采取合理的竖向模板抗侧移、抗浮和抗倾覆措施。

对跨度不小于 4 m 的梁、板，其模板起拱高度宜为梁、板跨度的 1/1000～3/1000。支架的垂直斜撑和水平斜撑应与支架同步搭设，架体应与成形的混凝土结构拉结。钢管支架的垂直斜撑和水平斜撑的搭设应符合国家现行有关钢管脚手架标准的规定。对现浇多层、高层混凝土结构，上、下楼层模板支架的立杆应对准，模板及支架钢管等应分散堆放。模板安装应保证混凝土结构构件各部分形状、尺寸和相对位置准确，并应防止漏浆。模板安装应与钢筋安装配合进行，梁柱节点的模板宜在钢筋安装后安装。模板与混凝土接触面应清理干净并涂刷脱模剂，脱模剂不得污染钢筋和混凝土接槎处。模板安装完成后，应将模板内杂物清除干净。后浇带的模板及支架应独立设置。固定在模板上的预埋件、预留孔和预留洞均不得遗漏，且应安装牢固、位置准确。

2. 模板拆除

模板拆除时，可采取先支的后拆、后支的先拆，先拆非承重模板、后拆承重模板的顺序，并应从上而下进行拆除。

当混凝土强度达到设计要求时，方可拆除底模及支架；当混凝土强度能保证其表面及棱角不受损伤时，方可拆除侧模。多个楼层间连续支模的底层支架拆除时间，应根据连续支模的楼层间荷载分配和混凝土强度的增长情况确定。快拆支架体系的支架立杆间距不应大于 2 m。拆模时应保留立杆并顶托支承楼板，拆模时的混凝土强度可取构件跨度为 2 m。对于后张预应力混凝土结构构件，侧模宜在预应力张拉前拆除；底模支架不应在结构构件建立预应力前拆除。拆下的模板及支架杆件不得抛扔，应分散堆放在指定地点，并应及时清运。模板拆除后应将其表面清理干净，应对变形和损伤部位进行修复。

三、混凝土工程施工

（一）施工准备

混凝土施工准备工作包括：施工缝处理、设置卸料入仓的辅助设备、模板安装、钢筋架设、预埋件埋设、施工人员的组织、浇筑设备及其辅助设施的布置、浇筑前的检查验收等。

1. 施工缝处理

如果由于技术或施工组织上的原因，不能对混凝土结构一次连续浇筑完毕，而必须停歇较长的时间，其停歇时间已超过混凝土的初凝时间，致使混凝土已初凝，当继续浇筑混凝土时，形成了接缝，即为施工缝。

（1）施工缝的留设位置

施工缝的设置原则是一般宜留在结构受力（剪力）较小且便于施工的部位。柱子的施工缝宜留在基础与柱子交接处的水平面上，或梁的下面，或吊车梁牛腿的下面、吊车梁的上面、无梁楼盖柱帽的下面。高度大于 1 m 的钢筋混凝土梁的水平施工缝，应留在楼板底面下 20~30 mm 处，当板下有梁托时，留在梁托下部。单向平板的施工缝，可留在平行于短边的任何位置处。对于有主次梁的楼板结构，宜顺着次梁方向浇筑，施工缝应留在次梁跨度的中间 1/3 范围内。

（2）施工缝的处理

施工缝处继续浇筑混凝土时，应待混凝土的抗压强度不小于 1.2 MPa 方可进行；施工缝浇筑混凝土之前，应除去施工缝表面的水泥薄膜、松动石子和软弱的混凝土层，处理方法有风砂枪喷毛、高压水冲毛、风镐凿毛或人工凿毛，并加以充分湿润和冲洗干净，不得有积水；浇筑时，施工缝处宜先铺水泥浆（水泥：水 = 1：0.4），或与混凝土成分相同的水泥砂浆一层，厚度为 30~50 mm，以保证接缝的质量；浇筑过程中，施工缝应细致捣实，使其紧密结合。

2. 仓面准备

（1）机具设备、劳动组合、照明、水电供应、所需混凝土原材料的准备等。

（2）应检查仓面施工的脚手架、工作平台、安全网等是否牢固，检查电源开关、动力线路是否符合安全规定。

（3）仓位的浇筑高程、上升速度、特殊部位的浇筑方法和质量要求等技术问题，须事先进行技术交底。

（4）地基或施工缝处理完毕并养护一定时间，已浇好的混凝土强度达到 2.5 MPa 后方可在仓面进行放线，安装模板、钢筋和预埋件，架设脚手架等作业。

3. 模板、钢筋及预埋件检查

开仓浇筑前，必须按照设计图纸和施工规范的要求，对仓面安设的模板、钢筋及预埋件进行全面检查验收，签发合格证。

（二）混凝土的拌制

混凝土拌制是按照混凝土配合比设计要求，将其各组成材料（砂、石、水泥、水、外加剂及掺和料等）拌和成均匀的混凝土料，以满足浇筑需要。混凝土制备的过程包括储料、供料、配料和拌和。其中，配料和拌和是主要生产环节，也是质量控制的关键，要求品种无误、配料准确、拌和充分。

1. 混凝土配料

（1）配料

配料是按设计要求，称量每次拌和混凝土的材料用量。配料的精度直接影响混凝土的质量。混凝土配料要求采用质量配料法，即将砂、石、水泥、矿物掺和料按质量计量，水和外加剂溶液按质量折算成体积计量。设计配合比中的加水量根据水灰比计算确定，并以饱和面干状态的砂为标准。由于水灰比对混凝土强度和耐久性影响极为重大，绝不能任意变更；施工采用的砂，其含水量又往往较高，在配料时采用的加水量应扣除砂表面含水量及外加剂中的水量。

（2）给料

给料是将混凝土各组分从料仓按要求送进称料斗。给料设备的工作机构常与称量设备相连，当需要给料时，控制电路开通，进行给料。当计量达到要求时，即断电停止给料。常用的给料设备有皮带给料机、给料闸门、电磁振动给料机、叶轮给料机、螺旋给料机等。

（3）称量

混凝土配料称量的设备有简易秤（地磅）、电动磅秤、自动配料杠杆秤、电子秤、配水箱及定量水表。

2. 混凝土拌和

混凝土拌和的方法有人工拌和与机械拌和两种。用拌和机拌和混凝土较广泛，能提高拌和质量和生产率。

（1）拌和机械

拌和机械有自落式和强制式两种。

自落式搅拌机是通过筒身旋转，带动搅拌叶片将物料提高，在重力作用下物料自由坠下，反复进行，互相穿插、翻拌、混合，使混凝土各组分搅拌均匀。强制式混凝土搅拌机一般筒身固定，搅拌机片旋转，对物料施加剪切、挤压、翻滚、滑动、混合，使混凝土各组分搅拌均匀。搅拌机使用前应按照“十字作业法”（清洁、润滑、调整、紧固、防腐）的要求检查离合器、制动器、钢丝绳等各个系统和部位，是否机件齐全、机构灵活、运转正常，并按规定位置加注润滑油脂；进行空转检查，检查搅拌机旋转方向是否与机身箭头一致，空车运转是否达到要求值。在确认以上情况正常后，搅拌筒内加清水搅拌 3 min 后将水放出，方可投料搅拌。

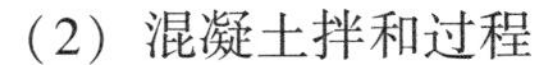

（2）混凝土拌和过程

①开盘操作

在完成上述检查工作后，即可开盘搅拌，为不改变混凝土设计配合比，补偿黏附在筒壁、叶片上的砂浆，第一盘应减少石子约 30%，或多加水泥、砂各 15%。

②正常运转

确定原材料投入搅拌筒内的先后顺序，应综合考虑能否保证混凝土的搅拌质量、提高混凝土的强度、减少机械的磨损与混凝土的黏罐现象、减少水泥飞扬、降低电耗以及提高生产率等多种因素。按原材料加入搅拌筒内的投料顺序的不同，普通混凝土的搅拌方法可分为一次投料法、二次投料法和水泥裹砂法等。

一次投料法是最普遍采用的方法。它是将砂、石、水泥和水一起同时加入搅拌筒中进行搅拌。为了减少水泥的飞扬和水泥的黏罐现象，向搅拌机上料斗中投料时，投料顺序宜先倒砂（或石）再倒水泥，然后倒入石子（或砂），将水泥加在砂、石之间，最后由上料斗将干物料送入搅拌筒内，加水搅拌。

二次投料法又分为预拌水泥砂浆法和预拌水泥净浆法。预拌水泥砂浆法是先将水泥、砂和水加入搅拌筒内进行充分搅拌，成为均匀的水泥砂浆后，再加入石子搅拌成均匀的混凝土。二次投料法搅拌的混凝土与一次投料法相比较，混凝土强度可提高 15%，在强度相同的情况下可节约水泥 15%~20%。

水泥裹砂法又称为 SEC 法，采用这种方法拌制的混凝土称为 SEC 混凝土或造壳混凝土。该法的搅拌程序是先加一定量的水使砂表面的含水量调到某一规定的数值后（一般为 15%~25%），再加入石子并与湿砂拌匀，然后将全部水泥投入与砂石共同拌和，使水泥在砂石表面形成一层低水灰比的水泥浆壳，最后将剩余的水和外加剂加入搅拌成混凝土。采用 SEC 法制备的混凝土与一次投料法相比，强度可提高 20%~30%，混凝土不易产生离析和泌水现象，工作性好。

从原材料全部投入搅拌筒中时起到开始卸料时止所经历的时间称为搅拌时间，为获得混合均匀、强度和工作性都能满足要求的混凝土所需的最低限度的搅拌时间称为最短搅拌时间，这个时间随搅拌机的类型与容量，骨料的品种、粒径及对混凝土的工作性要求等因素的不同而异。

混凝土拌和物的搅拌质量应经常检查，混凝土拌和物颜色均匀一致，无明显的砂粒、砂团及水泥团，石子完全被砂浆所包裹，说明其搅拌质量较好。

每班作业后应对搅拌机进行全面清洗，并在搅拌筒内放入清水及石子运转 10~15 min 后放出，再用竹扫帚洗刷外壁。搅拌筒内不得有积水，以免筒壁及叶片生锈，如遇冰冻季节应放尽水箱及水泵中的存水，以防冻裂。每天工作完毕后，搅拌机料斗应放至最低位置，不准悬于半空。电源必须切断，锁好电闸箱，保证各机构处于空位。

3. 混凝土搅拌站

在混凝土施工工地，通常把骨料堆场、水泥仓库、配料装置、拌和机及运输设备等比较集中地布置，组成混凝土拌和站，或采用成套的混凝土工厂（拌和楼）来制备混凝土。

搅拌站根据其组成部分在竖向布置方式的不同，分为单阶式和双阶式。在单阶式混凝土搅拌站中，原材料一次提升后经过集料斗，然后靠自重下落进入称量和搅拌工序。这种工艺流程，原材料从一道工序到下一道工序的时间短、效率高、自动化程度高、搅拌站占地面积小，适用于产量大的固定式大型混凝土搅拌站。

在双阶式混凝土搅拌站中，原材料经第一次提升后经过集料斗，下落经称量配料后，再经过第二次提升进入搅拌机。

（三）混凝土运输

混凝土运输是整个混凝土施工中的一个重要环节，对工程质量和施工进度影响较大。由于混凝土拌和后不能久存，而且在运输过程中对外界的影响敏感，运输方法不当或疏忽大意都会降低混凝土质量，甚至造成废品。

混凝土在运输过程中应满足：运输设备应不吸水、不漏浆，运输过程中不发生混凝土拌和物分离、严重泌水及过多降低坍落度；同时运输两种以上强度等级的混凝土时，应在运输设备上设置标志，以免混淆；尽量缩短运输时间，减少转运次数，运输时间不得超过规定。因故停歇过久，混凝土产生初凝时，应作废料处理。在任何情况下，严禁中途加水；运输道路基本平坦，避免拌和物振动、离析、分层；混凝土运输工具及浇筑地点，必要时应有遮盖或保温设施，以避免因日晒、雨淋、受冻而影响混凝土的质量；混凝土拌和物自由下落高度以不大于 2m 为宜，超过此界限时应采用缓降措施。

混凝土运输分地面水平运输、垂直运输和楼面水平运输三种。地面运输时，短距离多用双轮手推车、机动翻斗车；长距离宜用自卸汽车、混凝土搅拌运输车。垂直运输可采用各种井架、龙门架和塔式起重机作为垂直运输工具。对于浇筑量大、浇筑速度比较稳定的大型设备基础和高层建筑，宜采用混凝土泵，也可采用自升式塔式起重机或爬升式塔式起重机来运输。

1. 人工运输

人工运输混凝土常用手推车、架子车和斗车等。用手推车和架子车时，要求运输道路路面平整，随时清扫干净，防止混凝土在运输过程中受到强烈振动。道路纵坡一般要求平缓，局部不宜大于15%，一次爬高不宜超过2~3 m，运输距离不宜超过200 m。

2. 机动翻斗车

机动翻斗车是混凝土工程中使用较多的水平运输机械。它轻便灵活、转弯半径小、速度快且能自动卸料。车前装有容量为476 L的翻斗，载重量约1 t，最高时速20 km/h，适用于短途运输混凝土或砂石料。

3. 混凝土搅拌运输车

混凝土搅拌运输车是运送混凝土的专用设备。它的特点是在运量大、运距远的情况下，能保证混凝土的质量均匀。一般当混凝土制备点（商品混凝土站）与浇筑点距离较远时使用混凝土搅拌运输车，其运送方式有两种：一是在10 km范围内做短距离运送时，只作运输工具使用，即将拌和好的混凝土接送至浇筑点，在运输途中为防止混凝土分离，让搅拌筒只做低速搅动，使混凝土拌和物不致分离、凝结；二是在运距较长时，搅拌运输两者兼用，即先在混凝土拌和站将干料——砂、石、水泥按配比装入搅拌筒内，并将水注入配水箱，开始只做干料运送，然后在距使用点10~15 min路程时，启动搅拌筒回转，并向搅拌筒注入定量的水，这样在运输途中边运输边搅拌成混凝土拌和物，送至浇筑点卸出。

4. 混凝土辅助运输设备

运输混凝土的辅助设备有吊罐、骨料斗、溜槽、溜管等，其用于混凝土装料、卸料和转运入仓，对保证混凝土质量和运输工作顺利进行起着相当大的作用。

5. 混凝土泵

泵送混凝土是将混凝土拌和物从搅拌机出口通过管道连续不断地泵送到浇筑仓面的一种施工方法。工程上使用较多的是液压活塞式混凝土泵，它是通过液压缸的压力油推动活塞，再通过活塞杆推动混凝土缸中的工作活塞来压送混凝土。混凝土泵可同时完成水平运输和垂直运输工作。

泵送混凝土的设备主要由混凝土泵、输送管道和布料装置构成。混凝土泵有活塞泵、气压泵和挤压泵等几种类型，而以活塞泵应用较多。活塞泵又根据其构造原理不同分为机械式和液压式两种，常用液压式。混凝土泵分拖式（地泵）和泵车两种形式。

（四）混凝土浇筑

混凝土成型就是将混凝土拌和料浇筑在符合设计尺寸要求的模板内，加以捣实，使其具有良好的密实性，达到设计强度的要求。混凝土成型过程包括浇筑与捣实，是混凝土工程施工的关键，将直接影响构件的质量和结构的整体性。因此，混凝土经浇筑捣实后应内实外光、尺寸准确、表面平整、钢筋及预埋件位置符合设计要求、新旧混凝土结合良好。

1. 浇筑前的准备工作

（1）对模板及其支架进行检查，应确保标高、位置尺寸正确，强度、刚度、稳定性及严密性满足要求；模板中的垃圾、泥土和钢筋上的油污应加以清除；木模板应浇水润湿，但不允许留有积水。

（2）对钢筋及预埋件应请工程监理人员共同检查钢筋的级别、直径、排放位置及保护层厚度是否符合设计和规范要求，并认真做好隐蔽工程记录。

（3）准备和检查材料、机具等；注意天气预报，不宜在雨雪天气浇筑混凝土。

（4）做好施工组织和技术、安全交底工作。

2. 浇筑工作的一般要求

（1）混凝土应在初凝前浇筑，如混凝土在浇筑前有离析现象，需重新拌和后才能浇筑。

（2）浇筑时，混凝土的自由倾落高度：对于素混凝土或少筋混凝土，由料斗进行浇筑时，不应超过 2 m；对于竖向结构（如柱、墙），浇筑混凝土的高度不超过 3 m；对于配筋较密或不便捣实的结构，不宜超过 60 cm，否则应采用串筒、溜槽和振动串筒下料，以防产生离析。

（3）浇筑竖向结构混凝土前，底部应先浇入 50～100 mm 厚与混凝土成分相同的水泥砂浆，以避免产生蜂窝麻面现象。

（4）混凝土浇筑时的坍落度应符合设计要求。

（5）为了使混凝土振捣密实，混凝土必须分层浇筑。

（6）为保证混凝土的整体性，浇筑工作应连续进行。当由于技术或施工组织上的原因必须间歇时，其间歇时间应尽可能缩短，并应在前层混凝土凝结之前，将次层混凝土浇筑完毕。间歇的最长时间应按所用水泥品种及混凝土条件确定。

（7）正确留置施工缝。施工缝位置应在混凝土浇筑之前确定，并宜留置在结构受剪力较小且便于施工的部位。柱应留水平缝，梁、板、墙应留垂直缝。

（8）在混凝土浇筑过程中，应随时注意模板及其支架、钢筋、预埋件及预留孔洞的情况，当出现不正常的变形、位移时，应及时采取措施进行处理，以保证混凝土的施工质量。

（9）在混凝土浇筑过程中应及时认真填写施工记录。

3. 混凝土浇筑工艺

（1）铺料

开始浇筑前，要在老混凝土面上先铺一层 2～3 cm 厚的水泥砂浆（接缝砂浆），以保证新混凝土与基岩或老混凝土结合良好。砂浆的水灰比应较混凝土水灰比减少 0.03～0.05。混凝土的浇筑应按一定的厚度、次序、方向分层推进。

铺料厚度应根据拌和能力、运输距离、浇筑速度、气温及振捣器的性能等因素确定。一般情况下，浇筑层的允许最大厚度不应超过规定的数值，如采用低流态混凝土及大型强力振捣设备时，其浇筑层厚度应根据试验确定。

（2）平仓

平仓是把卸入仓内成堆的混凝土摊平到要求的均匀厚度。平仓不好会造成离析，使骨料架空，严重影响混凝土质量。

①人工平仓：人工平仓用铁锹，平仓距离不超过 3 m。人工平仓只适用于在靠近模板和钢筋较密的地方，以及设备预埋件等空间狭小的二期混凝土。

②振捣器平仓：振捣器平仓时应将振捣器倾斜插入混凝土料堆下部，使混凝土向操作者位置移动，然后一次一次地插向料堆上部，直至混凝土摊平到规定厚度为止。如将振捣器垂直插入料堆顶部，平仓工效固然较高，但易造成粗骨料沿锥体四周下滑，砂浆则集中在中间形成砂浆窝，影响混凝土匀质性。经过振动摊平的混凝土表面可能已经泛出砂浆，但内部并未完全捣实，切不可将平仓和振捣合二为一，影响浇筑质量。

（3）振捣

振捣是振动捣实的简称，它是保证混凝土浇筑质量的关键工序。振捣的目的是尽可能减少混凝土中的空隙，以消除混凝土内部的孔洞，并使混凝土与模板、钢筋及预埋件紧密结合，从而保证混凝土的最大密实度，提高混凝土质量。

当结构钢筋较密，振捣器难于施工，或混凝土内有预埋件、观测设备，周围混凝土振捣力不宜过大时可采用人工振捣。人工振捣要求混凝土拌和物坍落度大于 5 cm，铺料层厚度小于 20 cm。人工振捣工具有捣固锤、捣固杆和捣固铲。捣固锤主要用来捣固混凝土的表面；捣固铲用于插边，使砂浆与模板靠紧，防止表面出现麻面；捣固杆用于钢筋稠密的混凝土中，以使钢筋被水泥砂浆包裹，增加混凝土与钢筋之间的握裹力。人工振捣工效低，混凝土质量不易保证。

混凝土振捣主要采用振捣器。振捣器产生小振幅、高频率的振动，使混凝土在其振动作用下，内摩擦力和黏结力大大降低，使干稠的混凝土获得流动性，在重力作用下骨料互相滑动而紧密排列，空隙被砂浆填满，空气被排出，从而使混凝土密实，并填满模板内部空间，且与钢筋紧密结合。

混凝土振捣在平仓之后立即进行，此时混凝土流动性好，振捣容易，捣实质量好。振捣器的选用，对于素混凝土或钢筋稀疏的部位，宜用大直径的振捣棒；坍落度小的干硬性混凝土，宜选用高频和振幅较大的振捣器。振捣作业路线保持一致，并按顺序依次进行，以防漏振。振捣棒尽可能垂直地插入混凝土中，如振捣棒较长或把手位置较高，垂直插入感到操作不便时，也可略带倾斜，但与水平面夹角不宜小于 45°，且每次倾斜方向应保持一致，否则下部混凝土将会发生漏振。

振捣棒应快插、慢拔。插入过慢，上部混凝土先捣实，就会阻止下部混凝土中的空气和多余的水分向上逸出；拔得过快，周围混凝土来不及填铺振捣棒留下的孔洞，将在每一层混凝土的上半部留下只有砂浆而无骨料的砂浆柱，影响混凝土的强度。为使上下层混凝土振捣密实均匀，可将振捣棒上下抽动，抽动幅度为 5~10 cm。振捣棒的插入深度，在振捣第一层混凝土时，以振捣器头部不碰到基岩或老混凝土面但相距不超过 5 cm 为宜；振捣上层混凝土时，则应插入下层混凝土 5 cm 左右，使上下两层结合良好。在斜坡上浇筑混凝土时，振捣棒仍应垂直插入，并且应先振低处，再振高处，否则在振捣低处的混凝土时，已捣实的高处混凝土会自行向下流动，致使密实性受到破坏。软轴振捣棒插入深度为棒长的 3/4，过深则软轴和振捣棒结合处容易损坏。

振捣棒在每一孔位的振捣时间，以混凝土不再显著下沉、水分和气泡不再逸出并开始泛浆为准。振捣时间和混凝土坍落度、石子类型及最大粒径、振捣器的性能等因素有关，一般为 20~30 s。振捣时间过长，不但降低工效，且使砂浆上浮过多，石子集中下部，混凝土产生离析，严重时，整个浇筑层呈“千层饼”状态。

振捣器的插入间距控制在振捣器有效作用半径的 1.5 倍以内，实际操作时也可根据振捣后在混凝土表面留下的圆形泛浆区域能否在正方形排列（直线行列移动）的 4 个振捣孔径的中点，或三角形排列（交错行列移动）的 3 个振捣孔位的中点相互衔接来判断。在模板边、预埋件周围、布置有钢筋的部位以及两罐（或两车）混凝土卸料的交界处，宜适当减少插入间距以加强振捣，但不宜小于振捣棒有效作用半径的 1/2，并注意不能触及钢筋、模板及预埋件。为提高工效，振捣棒插入孔位尽可能呈三角形分布。

使用外部式振捣器时，操作人员应穿绝缘胶鞋，戴绝缘手套，以防触电。平板式振捣器要保持拉绳干燥和绝缘，移动和转向时应蹬踏平板两端，不得蹬踏电机。操作时可通过倒顺开关控制电机的旋转方向，使振捣器的电机旋转方向正转或反转，从而使振捣器自动地向前或向后移动。沿铺料路线逐行进行振捣，两行之间要搭接 5 cm 左右，以防漏振。

当混凝土拌和物停止下沉、表面平整、往上返浆且已达到均匀状态并充满模壳时，表明已振实，可转移作业面。在转移作业面时，要注意电缆线勿被模板、钢筋露头等挂住，防止拉断或造成触电事故。振捣混凝土时，一般横向和竖向各振捣一遍即可，第一遍主要是密实，第二遍是使表面平整，其中，第二遍是在已振捣密实的混凝土面上快速拖行。

混凝土振动台是一种强力振动成型机械装置，必须安装在牢固的基础上，地脚螺栓应有足够的强度并拧紧。在振捣作业中，必须安置牢固可靠的模板锁紧夹具，以保证模板和混凝土与台面一起振动。

四、大体积混凝土施工

大体积混凝土温度裂缝控制措施分为设计措施、施工措施和监测措施三个方面。

（一）设计措施

1. 大体积混凝土的强度等级宜在 C20~C35 范围内选用，利用 60 d 甚至 90 d 的后期强度。

2. 应优先采用水化热低的矿渣水泥配制大体积混凝土。配制混凝土所用水泥 7 d 的水化热不大于 25 kJ/kg。

3. 粗骨料宜采用连续级配，采用 5~40 mm 颗粒级配的石子。

4. 细骨料宜采用中砂，控制含泥量小于 1.5%。

5. 使用掺和料（粉煤灰）及外加剂（减水剂、缓凝剂和膨胀剂）。

6. 大体积混凝土基础除应满足承载力和构造要求外，还应增配承受因水泥水化热引起的温度应力控制裂缝开展的钢筋，以构造钢筋来控制裂缝，配筋尽可能采用小直径、小间距。

7. 当基础设置于岩石地基上时，宜在混凝土垫层上设置滑动层，滑动层构造可采用一毡二油，在夏季施工时也可采用一毡一油。也有涂抹两道海藻酸钠隔离剂，以减小地基水平阻力系数，一般可减小至 1~3 kPa。当为软土地基时，可以优先考虑采用砂垫层处理。因为砂垫层可以减小地基对混凝土基础的约束作用。

8. 大体积混凝土工程施工前，应对施工阶段大体积混凝土浇筑块体的温度、温度应力及收缩力进行验算，确定施工阶段大体积混凝土浇筑块体的升温峰值，内外温差不超过 25℃，制定温控施工的技术措施。

（二）施工措施

1. 混凝土的浇筑方法可用分层连续浇筑或推移式连续浇筑。大体积混凝土结构多为厚大的桩基承台或基础底板等，整体性要求较高，往往不允许留施工缝，要求一次连续浇筑完毕。根据结构特点不同，可分为全面分层、分段分层、斜面分层等浇筑方案。

2. 混凝土的拌制、运输必须满足连续浇筑施工以及尽量降低混凝土出罐温度等方面的要求，并应符合下列规定：炎热季节浇筑大体积混凝土时，混凝土搅拌场站宜对砂、石骨料采取遮阳、降温措施。当采用泵送混凝土施工时，混凝土的运输宜采用混凝土搅拌运输车，混凝土搅拌运输车的数量应满足混凝土连续浇筑的要求。必要时采取预冷骨料（水冷法、气冷法等）和加冰搅拌等。浇筑时间最好安排在低温季节或夜间，若在高温季节施工，则应采取减小混凝土温度回升的措施，譬如尽量缩短混凝土的运输时间、加快混凝土的入仓覆盖速度、缩短混凝土的暴晒时间、混凝土运输工具采取隔热遮阳措施等。对于泵送混凝土的输送管道，应全程覆盖并洒以冷水，以减少混凝土在泵送过程中吸收太阳的辐射热，最大限度地降低混凝土的入模温度。

3. 在混凝土浇筑过程中，应及时清除混凝土表面的泌水。泵送混凝土的水灰比一般较大，泌水现象也较严重，不及时消除，将会降低结构混凝土的质量。

4. 混凝土浇筑完毕后，应及时按量控技术措施的要求进行保温养护，并应符合下列规定：保温养护措施，应使混凝土浇筑块体的里外温差及降温速度满足温控指标的要求。保温养护的持续时间，应根据温度应力（包括混凝土收缩产生的应力）加以控制、确定，但不得少于 15 d，保温覆盖层的拆除应分层逐步进行。在保温养护过程中，应保持混凝土表面湿润。保温养护是大体积混凝土施工的关键环节，其目的主要是降低大体积混凝土浇筑块体的内外温差值，以降低混凝土块体的自约束应力；其次是降低大体积混凝土浇筑块体的降温速度，充分利用混凝土的抗拉强度，以提高混凝土块体承受外约束应力的抗裂能力，达到防止或控制温度裂缝的目的。同时，在养护过程中保持良好的湿度和抗风条件，使混凝土在良好的环境下养护。施工人员须根据事先确定的温控指标要求来确定大体积混凝土浇筑后的养护措施。

5. 塑料膜、塑料泡沫板、水泥珍珠岩、双层草垫等可作为保温材料覆盖混凝土和模板，覆盖层的厚度应根据温控指标的要求计算，并可在混凝土终凝后，在板面做土围堰并灌水 5~10 cm 深进行保温和养护。水的热容量大，比热容为 4.186 8 kJ/（kg·℃），覆水层相当于在混凝土表面设置了恒温装置。在寒冷季节可搭设挡风保温棚，并在草袋上设置碘钨灯。

6. 土是良好的养护介质，应及时回填土。

7. 在大体积混凝土拆模后，应采取预防寒潮袭击、突然降温和剧烈干燥等措施。

8. 采用二次振捣技术，改善混凝土强度，提高抗裂性。当混凝土浇筑后即将凝固时，在适当时间内再振捣，可以增加混凝土的密实度，减少内部微裂缝。但必须掌握好二次振捣的时间间隔（以 2 h 为宜），否则会破坏混凝土内部结构，起到相反结果。

9. 利用预埋的冷却水管通低温水以散热降温。混凝土浇筑后立即通水，以降低混凝土的最高温升。

（三）监测措施

1. 大体积混凝土的温控施工中，除应进行水泥水化热的测定外，在混凝土浇筑过程中还应进行混凝土浇筑温度的监测，在养护过程中应进行混凝土浇筑块体升降温、内外温差、降温速度及环境温度等监测。这些监测结果能及时反馈现场大体积混凝土浇筑块内温度变化的实际情况，以及所采用的施工技术措施的效果，为工程技术人员及时采取温控对策提供科学依据。

2. 混凝土的浇筑温度系指混凝土振捣后位于混凝土上表面以下 50~100 mm 深处的温度。混凝土浇筑温度的测试每工作班（8 h）应不少于 2 次。大体积混凝土浇筑块体内外温差、降温速度及环境温度的测试一般在前期每 2~4 h 测一次，后期每 4~8 h 测一次。

3. 大体积混凝土浇筑块体温度监测点的布置，以能真实反映混凝土块体的内外温差、降温速度及环境温度为原则。

五、框剪结构混凝土施工

（一）浇筑要求

浇筑钢筋混凝土框剪结构首先要划分施工层和施工段。施工层一般按结构层划分，而每一施工层如何划分施工段，则要考虑工序数量、技术要求、结构特点等。要做到木工在第一施工层安装完模板、准备转移到第二施工层的第一施工段上时，该施工段所浇筑的混凝土强度应达到允许工人在其上操作的强度（1.2 MPa）。

混凝土浇筑前应做好必要的准备工作，如模板、钢筋和预埋管线的检查和清理以及隐蔽工程的验收；浇筑用脚手架、走道的搭设和安全检查；根据实验室下达的混凝土配合比通知单准备和检查材料等；做好施工用具的准备；等等。

浇筑叠合式受弯构件时，应按设计要求确定是否设置支撑，且叠合面应根据设计要求预留凸凹槎（当无要求时，凸凹槎为 6 mm），形成延期粗糙面。

（二）浇筑方法

1. 混凝土柱的浇筑

（1）混凝土的灌注

①混凝土柱灌注前，柱底基面应先铺 5~10 cm 厚与混凝土内砂浆成分相同的水泥砂浆后，再分段分层灌注混凝土。

②凡截面在 400 mm×400 mm 以内或有交叉箍筋的混凝土柱，应在柱模侧面开口装上斜溜槽来灌注，每段高度不得大于 2 m。

③当柱高不超过 3.5 m、截面大于 400 mm×400 mm 且无交叉钢筋时，混凝土可由柱模顶直接倒入；当柱高超过 3.5 m 时，必须分段灌注混凝土，每段高度不得超过 3.5 m。

④柱子浇筑后，应间隔 1~1.5 h，待所浇混凝土拌和物初步沉实后，再浇筑上面的梁板结构。

（2）混凝土的振捣

①混凝土的振捣一般需 3~4 人协同操作，其中 2 人负责下料，1 人负责振捣，另 1 人负责开关振捣器。

②混凝土的振捣尽量使用插入式振捣器。当振捣器的软轴比柱长 0.5~1.0 m 时，待下料至分层厚度后，将振捣器从柱顶伸入混凝土内进行振捣。当用振捣器振捣比较高的柱子时，则应从柱模侧预留的洞口插入，待振捣器找到振捣位置时，再合闸振捣。

③振捣时以混凝土不再塌陷、混凝土表面泛浆、柱模外侧模板拼缝均匀微露砂浆为好。也可用木槌轻击柱侧模判定，如声音沉实，则表示混凝土已振实。

2. 混凝土墙的浇筑

（1）混凝土的灌注

①浇筑顺序应先边角后中部，先外墙后隔墙，以保证外部墙体的垂直度。

②高度在 3 m 以内的外墙和隔墙，混凝土可以从墙顶向模板内卸料，卸料时须在墙顶安装料斗缓冲，以防混凝土发生离析；高度大于 3 m 的任何截面墙体，均应每隔 2 m 开洞口，装斜溜槽进料。

③墙体上有门窗洞口时，应从两侧同时对称进料，以防将门窗洞口模板挤偏。

④墙体混凝土浇筑前，应先铺 5~10 cm 与混凝土内成分相同的水泥砂浆。

（2）混凝土的振捣

①对于截面尺寸较大的墙体，可用插入式振捣器振捣，其方法同柱的振捣。对较窄或

钢筋密集的混凝土墙，宜采用在模板外侧悬挂附着式振捣器振捣，其振捣深度约为 25 cm。

②遇有门窗洞口时，应在两边同时对称振捣，不得用振捣棒棒头敲击预留孔洞模板、预埋件等。

③当顶板与墙体整体现浇时，楼顶板端头部分的混凝土应单独浇筑，保证墙体的整体性。

3. 梁、板混凝土的浇筑

（1）混凝土的灌注

①肋形楼板混凝土的浇筑应顺次梁方向，主次梁同时浇筑。在保证主梁浇筑的前提下，将施工缝留在次梁跨中 1/3 范围内。

②梁、板混凝土宜同时浇筑，顺次梁方向从一端开始向前推进。当梁高大于 1 m 时，可先浇筑主次梁，后浇筑板，其水平施工缝应布置在板底以下 2~3 cm 处。凡截面高大于 0.4 m、小于 1 m 的梁，应先分层浇筑梁混凝土，待混凝土平楼板底面后，梁、板混凝土同时浇筑。操作时先将梁的混凝土分层浇筑成阶梯形，并向前赶。当起始点的混凝土到达板底位置时，与板的混凝土一起浇筑。随着阶梯的不断延长，板的浇筑也不断向前推移。

③采用小车或料罐运料时，宜将混凝土料先卸在拌盘上，再用铁锹往梁里浇灌混凝土。在梁的同一位置上，模板两边下料应均衡。浇筑楼板时，可将混凝土料直接卸在楼板上，但应注意不可集中卸在楼板边角或上层钢筋处。楼板混凝土的虚铺高度可高于楼板设计厚度 2~3 cm。

（2）混凝土的振捣

①混凝土梁应采用插入式振捣器振捣，从梁的一端开始，先在起头的一小段内浇一层与混凝土成分相同的水泥砂浆，再分层浇筑混凝土。浇筑时两人配合，一人在前面用插入式振捣器振捣混凝土，使砂浆先流到前面和底部，让砂浆包裹石子；另一人在后面用捣钎靠着侧板及底部往回钩石子，以免石子阻碍砂浆往前流。待浇筑至一定距离后，再回头浇第二层，直至浇捣至梁的另一端。

②浇筑梁柱或主次梁接合部位时，由于梁上部的钢筋较密集，普通振捣器无法直接插入振捣，此时可用振捣棒从钢筋空当插入振捣，或将振动棒从弯起钢筋斜段间隙中斜向插入振捣。

③楼板混凝土的捣固宜采用平板振捣器振捣。当混凝土虚铺有一定工作面后，用平板振捣器来振捣。振捣方向应与浇筑方向垂直。由于楼板的厚度一般在 10 cm 以下，振捣一遍即可密实。但通常为使混凝土板面更平整，可将平板振捣器再快速拖拉一遍，拖拉方向与第一遍的振捣方向垂直。

第四章 结构安装工程

第一节 起重机具

结构安装工程是指将结构设计成许多单独的构件，分别在施工现场或工厂预制成型，然后在现场用起重机械将各种预制构件吊起并安装到设计位置上去的全部施工过程。结构安装工程主要特点是：第一，预制构件的类型和质量直接影响吊装进度和工程质量；第二，正确选用起重机是完成吊装任务的关键；第三，应对构件进行吊装强度和稳定性验算；第四，高空作业多，应加强安全技术措施。

一、索具设备

（一）卷扬机

卷扬机又称绞车。按驱动方式可分手动卷扬机和电动卷扬机。卷扬机是结构吊装最常用的工具。

用于结构吊装的卷扬机多为电动卷扬机。电动卷扬机主要由电动机、卷筒、电磁制动器和减速机构等组成。卷扬机分快速和慢速两种。快速电动卷扬机主要用于垂直运输和打桩作业；慢速电动卷扬机主要用于结构吊装、钢筋冷拉、预应力筋张拉等作业。

选用卷扬机的主要技术参数是卷筒牵引力、钢丝绳的速度和卷筒容绳量。

使用卷扬机时应当注意：

1. 为使钢丝绳能自动在卷筒上往复缠绕，卷扬机的安装位置应使距第一个导向滑轮的距离为卷筒长度的 15 倍，即当钢丝绳在卷筒边时，与卷筒中垂线的夹角不大于 2°。

2. 钢丝绳引入卷筒时应接近水平，并应从卷筒的下面引入，以减少卷扬机的倾覆力矩。

3. 卷扬机在使用时必须做可靠的固定，如做基础固定、压重物固定、设锚碇固定，或利用树木、构筑物等做固定。

（二）钢丝绳

钢丝绳是起重机械中用于悬吊、牵引或捆缚重物的挠性件。它是由许多根直径为0.4~2 mm、抗拉强度为1200~2200 MPa的钢丝按一定规则捻制而成。按照捻制方法不同，分为单绕、双绕和三绕，土木工程施工中常用的是双绕钢丝绳，它是由钢丝捻成股，再由多股围绕绳芯绕成绳。双绕钢丝绳按照捻制方向分为同向绕、交叉绕和混合绕三种。同向绕是钢丝捻成股的方向与股捻成绳的方向相同，这种绳的挠性好、表面光滑、磨损小，但易松散和扭转，不宜用来悬吊重物；交叉绕是指钢丝捻成股的方向与股捻成绳的方向相反，这种绳不易松散和扭转，宜作起吊绳，但挠性差；混合绕指相邻的两股钢丝绕向相反，性能介于两者之间，制造复杂，用得较少。

钢丝绳按每股钢丝数量的不同又可分为6×19钢丝绳、6×37钢丝绳和6×61钢丝绳三种。6×19钢丝绳在绳的直径相同的情况下，钢丝粗，比较耐磨，但较硬，不易弯曲，一般用作缆风绳；6×37钢丝绳比较柔软，可用作穿滑车组和吊索；6×61钢丝绳质地软，主要用于重型起重机械中。

钢丝绳在选用时应考虑多根钢丝的受力不均匀性及其用途，钢丝绳的允许拉力 $[F_g]$ 按下式计算：

$$[F_g]=\frac{\alpha F_g}{K} \tag{4-1}$$

式中：F_g——钢丝绳的钢丝破断拉力总和，kN；

α——换算系数（考虑钢丝受力不均匀性），见表4-1；

K——安全因数。

表4-1　钢丝绳破断拉力换算系数

钢丝绳结构	换算系数
6×19	0.85
6×37	0.82
6×61	0.80

（三）锚碇

锚碇又叫地锚，是用来固定缆风绳和卷扬机的，它是保证系缆构件稳定的重要组成部分，一般有桩式锚碇和水平锚碇两种。桩式锚碇是用木桩或型钢打入土中而成。水平锚碇可承受较大荷载，分无板栅水平锚碇和有板栅水平锚碇两种。

水平锚碇的计算内容包括：在垂直分力作用下锚碇的稳定性；在水平分力作用下侧向土壤的强度；锚碇横梁计算。

1. 锚碇的稳定性计算

锚碇的稳定性按下式计算：

$$\frac{G+T}{N} \geqslant K \tag{4-2}$$

$$G=\frac{b+b'}{2}Hl\lambda \tag{4-3}$$

$$b'=b+H\tan\varphi_0 \tag{4-4}$$

式中：K——安全系数，一般取 2；

N——锚碇所受荷载的垂直分力：

$$N=S\sin\alpha\ ; \tag{4-5}$$

S——锚碇荷重；

G——土的重力；

l——横梁长度；

λ——土的重度；

b——横梁宽度；

b'——有效压力区宽度（与土壤的内摩擦角有关）；

φ_0——土壤的内摩擦角（松土取 15°~20°，一般土取 20°~30°，坚硬土取 30°~40）；

H——锚碇埋置深度；

T——摩擦力，$T=fP$；

f——摩擦因数（对无板栅锚碇取 0.5，对有板栅锚碇取 0.4）；

P——S 的水平分力，$P=S\cos\alpha$。

2. 侧向土壤强度的计算

对于无板栅水平锚碇，有：

$$[\sigma]\eta \geqslant \frac{P}{hl} \tag{4-6}$$

对于有板栅水平锚碇，有：

$$[\sigma]\eta \geqslant \frac{P}{(h+h_1)l} \tag{4-7}$$

式中：$[\sigma]$——深度 H 处土的容许压应力；

η——降低系数，可取 0.5~0.7。

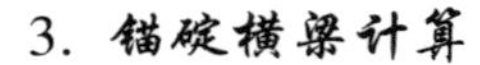

3. 锚碇横梁计算

当使用一根吊索，横梁为圆形截面时，可按单向弯曲的构件计算；横梁为矩形截面时，按双向弯曲构件计算。

当使用两根吊索的横梁，按双向偏心受压构件计算。

二、起重机类型

结构安装工程常用的起重机械有履带式起重机、汽车式起重机、轮胎式起重机、桅杆式起重机和塔式起重机等。

（一）履带式起重机

1. 履带式起重机技术性能

履带式起重机主要技术性能包括 3 个主要参数：起重量 Q 、起重半径 R 和起重高度 H。这 3 个参数互相制约，其数值的变化取决于起重臂的长度及其仰角的大小。每一种型号的起重机都有几种臂长，如起重臂仰角不变，随着起重臂的增长，起重半径 R 和起重高度 H 增加，而起重量 Q 减小。如臂长不变，随起重仰角的增大，起重量 Q 和起重高度 H 增大，而起重半径 R 减小。

2. 履带式起重机稳定性

起重机稳定性是指整个机身在起重作业时的稳定程度。起重机在正常条件下工作，一般可以保持机身稳定，但在超负荷吊装或由于施工需要接长起重臂时，须进行稳定性验算，以保证在吊装作业中不发生倾覆事故。

履带式起重机的稳定性应以起重机处于最不利工作状态，即稳定性最差时（机身与行驶方向垂直）进行验算。

当考虑吊装荷载及附加荷载（风荷载、刹车惯性力和回转离心力等）时应满足下式要求：

$$K_1 = \frac{稳定力矩}{倾覆力矩} \geqslant 1.15$$

当仅考虑吊装荷载时应满足下式要求：

$$K_2 = \frac{稳定力矩}{倾覆力矩} \geqslant 1.40$$

式中：K_1，K_2——稳定性安全系数。

按 K_1 验算比较复杂，一般用 K_2 简化验算：

$$K_2 = \frac{G_1 l_1 + G_2 l_2 + G_0 l_0 - G_3 d}{Q(R - l_2)} \geqslant 1.40 \tag{4-8}$$

式中：G_0——起重机平衡重；

G_1——起重机可转动部分的重力；

G_2——起重机机身不转动部分的重力；

G_3——起重臂重力（起重臂接长时为接长后的重力）；

l_0，l_1，l_2，d——以上各部分的重心至倾覆中心的距离。

（二）汽车式起重机

汽车式起重机是一种自行式、全回转、起重机构安装在通用或专用汽车底盘上的起重机。起重动力一般由汽车发动机供给，如装在专用汽车底盘上，则另备专用动力，与行驶动力分开，汽车式起重机行驶速度快，机动性能好，对路面破坏小。但吊装时必须使用支脚，因而不能负荷行驶，常用于构件运输的装卸工作和结构吊装工作。常用的汽车起重机有 Q 型（机械传动和操纵）、QY 型（全液压传动和伸缩式起重臂）、QD 型（多电机驱动各工作机械）。

汽车式起重机吊装时，应先压实场地，放好支腿，将转台调平，并在支腿内侧垫好保险枕木，以防支腿失灵时发生倾覆，并应保证吊装的构件和就位点均在起重机的回转半径之内。

（三）轮胎起重机

轮胎起重机是一种自行式、全回转、起重机构安装在加重轮胎和轮轴组成的特制底盘上的起重机，其吊装机构和行走机械均由一台柴油发动机控制。一般吊装时都用四个腿支撑，否则起重量大大减小，轮胎起重机行驶时对路面破坏小，行驶速度比汽车起重机慢，但比履带起重机快。

（四）塔式起重机

塔式起重机为竖直塔身，起重臂安装在塔身的顶部并可回转 360°，形成“T”形的工作空间，具有较高的有效高度和较大的工作空间，在工业与民用建筑中均得到广泛的应用，正沿着轻型多用、快速安装、移动灵活等方向发展。

1. 塔式起重机的分类

（1）按有无行走机构分类

塔式起重机按有无行走机构可分为固定式和移动式两种。前者固定在地面上或建筑物

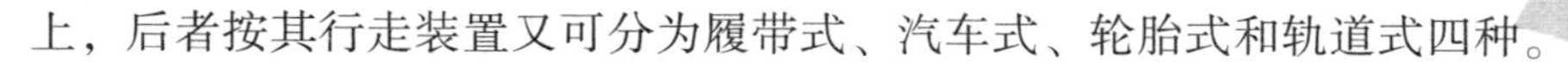

上，后者按其行走装置又可分为履带式、汽车式、轮胎式和轨道式四种。

（2）按回转形式分类

塔式起重机按其回转形式可分为上回转和下回转两种。

（3）按变幅方式分类

塔式起重机按其变幅方式可分为水平臂架小车变幅和动臂变幅两种。

（4）按安装形式分类

塔式起重机按其安装形式可分为自升式、整体快速拆装式和拼装式三种。

2. 下回转快速拆装塔式起重机

下回转快速拆装塔式起重机都是600 kN·m以下的中小型塔机。其特点是结构简单、重心低、运转灵活，伸缩塔身可自行架设，速度快，效率高，采用整体拖运，转移方便，适用于砖混、砌块结构和大板建筑的工业厂房、民用住宅的垂直运输作业。

3. 上回转塔式起重机

这种塔机通过更换辅助装置可改成固定式、轨道行走式、附着式、内爬式等。

4. 塔式起重机的爬升

塔式起重机的爬升是指安装在建筑物内部（电梯井或特设开间）结构上的塔式起重机，借助自身的爬升系统能自己进行爬升，一般每隔2层楼爬升一次，由于其体积小，不占施工用地，易于随建筑物升高，因此适于现场狭窄的高层建筑结构安装。

首先将起重小车收回至最小幅度，下降吊钩，使起重钢丝绳绕过回转支撑上支座的导向滑轮，用吊钩将套架提环吊住。放松固定套架的地脚螺栓，将活动支腿收进套架梁内，提升套架至两层楼高度，摇出套架活动支腿，用底脚螺栓固定，松开吊钩。松开底座地脚螺栓，收回活动支腿，开动爬升机构将起重机提升两层楼高度，摇出底座活动支脚，并用地脚螺栓固定。

5. 塔式起重机的自升

塔式起重机的自升是指借助塔式起重机的自升系统将塔身接长。塔式起重机的自升系统由顶升套架、长行程液压千斤顶、承座、顶升横梁、定位销等组成。

首先将标准节吊到摆渡小车上，将过渡节与塔身标准节相连的螺栓松开，开动液压千斤顶，将塔顶及顶升套架顶升到超过一个标准节的高度，随即用定位销将顶升套架固定，液压千斤顶回缩，将装有标准节的摆渡小车推到套架中间的空间，用液压千斤顶稍微提起标准节，退出摆渡小车，将标准节落在塔身上并用螺栓加以联结。拔出定位销，下降过渡节，使之与塔身连成整体。

6. 塔式起重机的附着

塔式起重机的附着是指为减小塔身计算长度，每隔 20 m 左右将塔身与建筑物联结起来。塔式起重机的附着应按使用说明书的规定进行。

（五）桅杆式起重机

桅杆式起重机具有制作简单、就地取材、服务半径小、起重量大等特点，一般多用于安装工作量集中且构件又较重的工程。

常用的桅杆式起重机有独脚拔杆、人字拔杆、悬臂拔杆和牵缆式桅杆起重机。

1. 独脚拔杆

独脚拔杆是由起重滑轮组、卷扬机、缆风绳及锚碇等组成，起重时拔杆保持不大于10°的倾角。

独脚拔杆按制作材料可分为木独脚拔杆、钢管独脚拔杆和格构式独脚拔杆。

2. 人字拔杆

人字拔杆是用两根圆木或钢管或格构式钢构件以钢丝绳绑扎或铁件铰接而成，两杆夹角不宜超过 30°，起重时拔杆向前倾斜度不得超过 1/10。其优点是侧向稳定性较好，缺点是构件起吊后活动范围小。

3. 悬臂拔杆

在独脚拔杆的中部或 2/3 高度外，装上一根铰接的起重臂即成悬臂拔杆。起重臂可以左右回转和上下起伏，其特点是有较大的起重高度和起重半径，但起重量降低。

4. 牵缆式桅杆起重机

在独脚拔杆的下端装上一根可以全回转和起伏的起重臂即成为牵缆式桅杆起重机。这种起重机具有较大的起重半径，起重量大且操作灵活。用无缝钢管制作的此种起重机，起重量可达 10 t，桅杆高度可达 25 m，用格构式钢构件制作的此种起重机起重量可达 60 t，起重高度可达 80 m 以上。

第二节　单层工业厂房结构安装

单层工业厂房平面空间大、高度较高，构件类型少、数量多，有利于机械化施工。单层工业厂房的结构构件有柱、吊车梁、连系梁、屋架、天窗架、屋面板及支撑等。构件的吊装工艺：塑垫→吊升→对位→临时固定→校正→最后固定。构件吊装前必须做好各项准备工作，如运输构件、修筑的道路、清理场地，准备好供水、供电、电焊机等设备，还需备好吊装常用的各种索具、吊具和材料，对构件进行清理、检查、弹线编号及对基础杯口标高抄平等工作。

一、柱子的吊装

（一）基础的准备

柱基施工时，杯底标高一般比设计标高低（通常低 5 cm），柱子在吊装前需要对基础底标高进行一次调整。

此外，还要在基础杯口面上弹出建筑的纵、横定位轴线和柱的吊装准线，作为柱子对位和校正的依据。柱子应在柱身的 3 个面上弹出吊装准线，柱子的吊装准线应与基础面上所弹的吊装准线位置相重合。

（二）柱子的绑扎

柱子的绑扎方法与其形状、长度、截面、配筋部位、吊装方法和起重机性能有关。其最合理的绑扎点位置，应按柱子产生的正、负弯矩绝对值相等的原则来确定。自重 13 t 以下的中小型柱绑扎一点，细长柱子或重型柱应绑扎两点，甚至三点。有牛腿的柱子一点绑扎的位置常选在牛腿以下，如上部柱子较长，也可绑扎在牛腿以上。“工”字形断面柱的绑扎点应选在矩形断面处，否则，应在绑扎位置用方木加固翼缘。双肢柱的绑扎点应选在平腹杆处。

根据柱子起吊后柱身是否垂直，可分为斜吊法和直吊法。常用的绑扎方法有斜吊绑扎法和直吊绑扎法。

1. 斜吊绑扎法

当柱子平放时柱子的抗弯强度能满足要求，或起重臂长度不足时，可采用此法进行绑扎。此法特点是柱子在平卧状态下不需翻身直接绑扎起吊，柱子起吊后呈倾斜状态，就位对中较困难。

2. 直吊绑扎法

当柱子平放起吊的抗弯强度不足时，须将柱子翻身，然后起吊。这种绑扎方法是由吊索从柱子两侧引出，上端通过卡环或滑轮挂在铁扁担上，再与横吊梁相连，起吊后柱与基础杯底垂直，容易对位。铁扁担高于柱顶，须用较长的起重臂。

此外，当柱子较重较长需要用两点起吊时，也可采用两点斜吊和直吊绑扎法。

（三）柱子的吊升方法

根据柱子在吊升过程中的特点，柱子的吊升可分为旋转法和滑行法两种。对于重型柱还可采用双机抬吊的方法。

1. 旋转法

起重机边升钩边回转起重臂，使柱子绕柱脚旋转而呈直立状态，然后将其插入杯口。柱子在平面布置时，柱脚宜靠近基础，要做到绑扎点、柱脚中心与杯基础杯口中心三点共弧。该弧所在的中心即为起重机的回转中心，半径为圆心到绑扎点的距离。如条件限制不能布置，可采用绑扎点与杯口两点共弧或柱脚中心点与杯口中心点两点共弧布置。但在起吊过程中，须改变回转半径和起重臂仰角，工效低且安全度较差。旋转法吊升过程中对柱子振动小，生产效率较高，多用于中小型柱子的吊装。

2. 滑行法

滑行法吊升柱时，起重机只升钩，起重臂不转动，使柱脚沿地面滑行逐渐直立，然后插入杯口。采用此法吊装柱时，柱子的绑扎点应布置在杯口附近，并与杯口中心位于起重机的同一工作半径的圆弧上，以便将柱子吊离地面后稍转动吊臂即可就位。

滑行法的特点是柱子的布置较灵活，起重半径小，起重臂不转动，操作简单。用于吊装较重、较长的柱子或起重机在安全荷载下的回转半径不够，现场较狭窄柱无法按旋转法排放布置；或采用桅杆式起重机吊装等情况。但滑行过程中柱子受一定的震动，耗用一定的滑行材料。为了减少滑行时柱脚与地面间的摩阻力，需要在柱脚下设置托木、滚筒，并铺设滑行道。

3. 双机抬吊

当柱子的体形、质量较大，一台无法吊装时，可采用双机抬吊。其起吊方法可采用旋转法（两点抬吊）和滑行法（一点抬吊）。

双机抬吊旋转法吊装柱子时，双机位于柱子的一侧，主吊机吊柱子上端，副吊机吊下端，柱的布置应使两个吊点与基础中心分别处于起重半径的圆弧上。起吊时，两机同时同速升钩，至柱离地面 0.3 m 高度时，停止上升；然后，两起重机的起重臂同时向杯口旋转。此时，副起重机只旋转不提升，主起重机则边旋转边提升吊钩直至柱直立，双机以等速缓慢落钩，将柱插入杯口中。

双机抬吊滑行法吊装柱子时，柱子前平面布置与单机起吊滑行法相同。两台起重机相对而立，其吊钩均应位于基础上方。起吊时，两台起重机以相同的升钩、降钩、旋转速度工作。因此，采用型号相同的起重机。

4. 柱子的对位与临时固定

柱脚插入杯口后，应悬离杯底 30～50 mm 处进行对位。对位时，应先从柱子四周向杯口放入 8 只楔块，并用撬棍拨动柱脚，使柱的安装中心线对准杯口的安装中心线，保持柱子基本垂直。当对位完成后，即可落钩将柱脚放入杯底，并复查中线，待符合要求后，即将四边楔块打紧，使柱临时固定，再将起重机吊钩脱开柱子。

5. 柱子的校正

柱子的校正包括平面位置、垂直度和标高。平面位置的校正，在柱子临时固定前进行，对位时就已完成，而柱子的标高则在吊装前已通过按实际柱子长调整杯底标高的方法进行了校正。垂直度的校正在柱子临时固定后进行，用两台经纬仪从柱子的两个相互垂直的方向同时观测柱的吊装中心线的垂直度，当柱高小于或等于 5 m 时，其允许偏差值为 5 mm；柱高大于 5 m 时，其允许偏差值为 10 mm；柱子高大于或等于 10 m，其允许偏差值为 1/1000 柱高且不大于 20 mm。中小型柱或垂直偏差较小时，可用敲打楔块法校正；重型柱可用千斤顶法、钢管撑杆法或缆风绳法校正。

6. 柱子的最后固定

柱子经校正后，应立即进行最后固定，即在柱脚与杯口空隙中浇筑比柱混凝土强度等级高一级的细石混凝土。混凝土分两次浇筑：第一次浇至楔块底面，待混凝土强度达 25% 时，拔去楔块；再浇注第二次混凝土，至杯口顶面，待第二次混凝土强度达 75%后，方可吊装上部构件。

二、吊车梁的吊装

吊车梁的吊装必须在基础杯口内第二次浇筑的混凝土强度达到设计强度的 70%以上时，方可进行吊车梁的安装。

（一）绑扎、吊升、对位与临时固定

吊车梁吊起后应基本保持水平。绑扎时，两根吊绳要等长，绑扎点要对称布置在梁的两端，吊钩对准梁的重心。吊车梁两头需要设置溜绳，避免悬空时碰撞柱子。

对位时应缓慢落钩，使吊车梁端面中心线与牛腿面的轴线对准。

吊车梁的稳定性较好，一般对位后，无须采取临时固定措施起重机即可松钩移走。但当梁的高度与底宽之比大于4时，可用连接钢板与柱子点焊做临时固定。

（二）校正与最后固定

中小型吊车梁的校正工作宜在屋盖吊装后进行，常采用边吊边校正法。吊车梁的校正主要包括垂直度和平面位置校正，两者应同时进行。吊车梁的标高，由于柱子吊装时已通过基础底面标高进行了控制，且吊车梁与吊车轨道之间尚需做较厚的垫层，一般不需校正。

吊车梁垂直度的校正，可用靠尺、线锤检查，其允许偏差为5 mm。若发现偏差，需在吊车梁底端与柱牛腿面之间垫入斜垫块纠正，每摞垫块不超过3块。

吊车梁平面位置校正包括直线度和跨距两项。一般长6 m、重5 t以内的吊车梁可用拉钢丝法和仪器放线法校正；长12 m及重5 t以上的吊车梁常采取边吊边校法校正。

1. 拉钢丝法

由柱的定位轴线，在跨端地面定出吊车梁的轴线位置，再用钢尺检查跨距。然后使用经纬仪将吊车梁的纵轴线放到两个端跨四角的吊车梁顶面上，分别在两条轴线上拉一根16~18号的钢丝（为了减少钢丝与梁顶面的摩阻力，在钢丝中段每隔一定距离用圆钢垫起）。再将两端垫高200 mm，钢丝下挂重物拉紧。如吊车梁的吊装纵轴线与通线不一致，则应根据通线来用撬杠拨正吊车梁的吊装中心线。

2. 仪器放线法

当吊车梁数量较多、钢丝不太容易拉紧时，可采用仪器放线法。用经纬仪在各个柱侧面放一条与吊车梁中线距离相等的校正基准线。校正基准线至吊车梁中线的距离为a值，由放线者自行决定。校正时，凡是吊车梁中线至校正基准线的距离不等于a时，即用撬杠拨正。

3. 边吊边校法

较重的吊车梁脱钩后移动困难，因此宜边吊边校正。校正时，用经纬仪在柱内侧引一条与柱纵轴线平行的视线在木尺上弹两条短线A和B，两短线间距离a为经纬仪视线与吊车梁纵轴线间距离。

吊装时，将木尺上的线A与吊车梁顶面所弹中心线吻合，用经纬仪观测木尺上的线B，同时指挥移动吊车梁，使木尺上的线B与经纬仪内的纵丝相重合，则吊车梁位置正确。

吊车梁校正完毕后，将吊车梁与柱子的预埋铁件用连接钢板焊牢，并在吊车梁与柱子

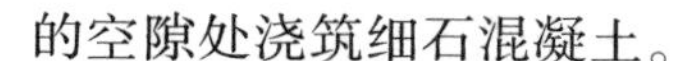
的空隙处浇筑细石混凝土。

三、屋架的吊装

单层工业厂房的钢筋混凝土屋架，一般是在现场平卧叠浇。屋架安装的高度较高，屋架跨度大，厚度较薄，吊装过程中易产生平面变形，甚至会产生裂缝。因此，要采取必要的加固措施方可进行吊装。

（一）屋架的绑扎

屋架的绑扎点应选在上弦节点处或附近，对称于屋架中心。各吊索拉力的合力作用点要高于屋架重心。吊索与水平线的夹角不宜小于45°（以免屋架承受过大的横向压力），必要时，应采用横吊梁。屋架两端应设置溜绳，以控制屋架的转动。

吊点数目及位置与屋架的跨度和形式有关。一般当屋架跨度小于18 m时，采用两点绑扎；跨度为18~24 m时，采用四点绑扎；跨度为30~36 m时，应考虑采用横吊梁以减少轴向压力；对刚度较差的组合屋架，因下弦不能承受压力，也宜采用横吊梁四点绑扎。

（二）屋架的扶直与就位

钢筋混凝土屋架一般在施工现场平卧浇注，吊装前应将屋架扶直就位。扶直时，在自重作用下屋架承受平面外的力，部分杆件将改变受力情况（特别是上弦杆极易扭曲开裂），因此，吊装前必须进行吊装应力验算和采取一定的技术措施，保证安全施工。

扶直屋架时，按照起重机与屋架相对位置的不同，有正向扶直和反向扶直两种方式。

1. 正向扶直起重机位于屋架下弦一边，吊钩对准屋架上弦中点，收紧吊钩，起臂约为2°左右时使屋架脱模，然后升钩、起臂，使屋架以下弦为轴旋转成直立状态。

2. 反向扶直起重机位于屋架上弦一边，吊钩对准屋架上弦中心，收紧吊索，起臂约为2°左右，随之升钩降臂，使屋架绕下弦转动为直立状态。

正向扶直与反向扶直的不同点，即正向扶直为升臂，反向扶直为降臂，吊钩始终在上弦中点的垂直上方。升臂比降臂安全，操作易于控制，因此，尽可能采用正向扶直方法。

屋架扶直后应立即就位。一般靠柱边斜放或3~5榀为一组平行柱边纵向就位，用支撑或8号铁丝等与已安装好的柱或已就位的屋架拉牢，以保持稳定。

（三）屋架的吊升、对位与临时固定

屋架起吊是先将屋架吊离地面约500 mm，然后将屋架转至吊装位置下方，应基本保持

水平，再将屋架吊升超过柱顶约 300 mm，即停止升钩，将屋架缓缓放至柱顶，进行对位。

对位应以建筑物的定位轴线为准。如果柱顶截面中线与定位轴线偏差过大，则可逐步调整纠正。

屋架对位后要立即进行临时固定。第一榀屋架用 4 根缆风绳在屋架两侧拉牢或将其与抗风柱连接；第二榀及其以后的屋架均用两根工具式支撑撑牢在前一榀屋架上。临时固定稳妥后，起重机才能脱钩。当屋架经校正最后固定，并安装了若干块大型屋面板后，才能将支撑取下。

（四）屋架的校正与最后固定

屋架的校正一般可采用校正器校正。对于第一榀屋架则可用缆风绳进行校正。屋架的垂直度可用经纬仪或线锤进行检查。用经纬仪检查方法是在屋架上安装 3 个卡尺，一个安在上弦中点附近，另两个安在屋架两端。自屋架几何中心向外量出一定距离（一般 500 mm）在卡尺上做出标志，然后在距离屋架中线同样距离处安置经纬仪，观察 3 个卡尺上的标志是否在同一垂直面上。

用锤球检查屋架垂直度，与上述步骤相同，但标志距屋架几何中心距离可短些（一般为 300 mm），在两端卡尺的标志连一通线，自屋架顶卡尺的标志处向下挂锤球，检查三卡尺的标志是否在同一垂直面上。若存在偏差，可通过转动工具式支撑上的螺栓加以纠正，并在屋架两端的柱顶上嵌入斜垫块。

校正无误后，立即用电焊焊牢，进行最后固定。电焊时应在屋架两端同时对角施焊，避免两端同侧施焊，以防焊缝收缩使屋架倾斜。

（五）屋架的双机抬吊

当屋架的质量较大时，一台起重机的起重量不能满足要求时，则可采用双机抬吊，其方法有以下两种：第一，一机回转，一机跑吊；第二，双机跑吊。

四、天窗架及屋面板的吊装

天窗架常采用单独吊装，也可与屋架拼装成整体同时吊装。单独吊装时，须待两侧屋面板安装后进行，并应用工具式夹具或绑扎圆木进行临时加固。

屋面板的吊装，因其均埋有吊环，一般多采用一钩多块迭吊或平吊法，安装时应自两边檐口左右对称地逐块铺向屋脊，避免屋架承受半边荷载。屋面板对位后，应立即进行电焊固定，每块屋面板至少焊 3 点。

第三节　钢结构安装工程

一、钢构件的制作

（一）钢构件制作前的准备工作

1. 钢结构的材料及处理

（1）材料的类型

在我国的钢结构工程中，常用的钢材主要有普通碳素钢、普通低合金钢和热处理低合金钢 3 类。其中以 Q235、Q345、Q390、Q420 等钢材应用最为普遍。

Q235 钢属于普通碳素钢，主要用于建筑工程，其屈服点为 235 N/mm^2，具有良好的塑性和韧性。

Q345、Q390、Q420 属于低合金高强度结构钢，其屈服点分别为 345 N/mm^2、390 N/mm^2、420 N/mm^2，具有强度高、塑性及韧性好等特点，是我国建筑工程使用的主要钢种。

（2）材料的选择

各种结构对钢材要求各有不同，选用时应根据要求对钢材的强度、塑性、韧性、耐疲劳性能、焊接性能、耐锈性能等全面考虑。对厚钢板结构、焊接结构、低温结构和采用含碳量高的钢材制作的结构，还应防止脆性破坏。

承重结构钢材应保证抗拉强度、伸长率、屈服点和硫、磷的极限含量，焊接结构应保证碳的极限含量。除此之外，必要时还应保证冷弯性能。对重级工作制和起重量不小于 50 t的中级工作制焊接吊车梁或类似结构的钢材，还应有常温冲击韧性的保证。计算温度不高于-20℃时，Q235 钢应具有-20℃下冲击韧性的保证，Q345 钢应具有-40℃下冲击韧性的保证。对于高层建筑钢结构构件节点约束较强，以及板厚不小于 50 mm，并承受沿板厚方向拉力作用的焊接结构，应对板厚方向的断面收缩率加以控制。

（3）材料的验收和堆放

钢材验收的主要内容是，钢材的数量和品种是否与订货单相符，钢材的质量保证书是否与钢材上打印的记号相符，核对钢材的规格尺寸，钢材表面质量检验，即钢材表面不允许有结疤、裂纹、折叠和分层等缺陷，表面锈蚀深度不得超过其厚度负偏差值的 1/2。

钢材堆放要减少钢材的变形和锈蚀，节约用地，并使钢材提取方便。露天堆放场地要平整并高于周围地面，四周有排水沟，雪后易于清扫。堆放时尽量使钢材截面的背面向上或向外，以免积雪、积水。堆放在有顶棚的仓库内时，可直接堆放在地坪上（下垫棱木），小钢材亦可堆放在架子上，堆与堆之间应留出通道以便搬运。堆放时每隔 5~6 层放置棱木，其间距以不引起钢材明显变形为宜。一堆内上、下相邻钢材须前后错开，以便在其端部固定标牌和编号。标牌应标明钢材的规格、钢号、数量和材质验收证明书号，并在钢材端部根据其钢号涂以不同颜色的油漆。

2. 制作前的准备工作

钢结构加工制作前的准备工作主要有详图设计和审查图纸、对料、编制工艺流程、布置生产场地、安排生产计划等。

审查图纸主要是检查图纸设计的深度能否满足施工的要求，核对图纸上构件的数量和安装尺寸，检查构件之间有无矛盾，审查设计在技术上是否合理，构造是否方便施工，等等。

对料包括提料和核对两部分，提料时，须根据使用尺寸合理订货，以减少不必要的拼接和损耗；核对是指核对来料的规格、尺寸、质量和材质。

编制工艺流程是保证钢结构施工质量的重要措施。工艺流程的主要内容包括根据执行标准编写成品技术要求，关键零件的精度要求、检查方法和检查工具，主要构件的工艺流程、工序质量标准和为保证构件达到工艺标准而采用的工艺措施，采用的加工设备和工艺装备。

布置生产场地依据下列因素：产品的品种特点和批量，工艺流程，产品的进度要求，每班工作量和要求的生产面积，现有的生产设备和起重运输能力。生产场地的布置原则：按流水顺序安排生产场地，尽量减少运输量；合理安排操作面积，保证操作安全；保证材料和零件有足够的堆放场地；保证产品的运输以及电气供应。

生产计划的主要内容包括根据产品特点、工程量的大小和安装施工进度，将整个工程划分成工号，以便分批投料，配套加工，配套出成品；根据工作量和进度计划，安排作业计划，同时做出劳动力和机具平衡计划，对薄弱环节的关键机床，需要按其工作量具体安排进度和班次。

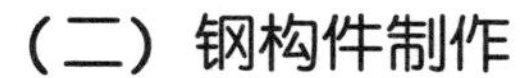

（二）钢构件制作

1. 放样、号料和切割

放样工作包括核对图纸的安装尺寸和孔距，以 1：1 的大样放出节点，核对各部分的尺寸，制作样板和样杆作为下料弯制、铣、刨、制孔等加工的依据。放样时，铣、刨的工件要考虑加工余量，一般为 5 mm；焊接构件要按工艺要求放出焊接收缩量，焊接收缩量应根据气候、结构断面和焊接工艺等确定。高层钢结构的框架柱尚应预留弹性压缩量，相邻柱的弹性压缩量相差不超过 5 mm，若图纸要求桁架起拱，放样时上下弦应同时起拱。

号料工作包括检查核对材料，在材料上画出切割、铣、刨、弯曲、钻孔等加工位置，打冲孔，标出零件编号，等等。号料应注意以下问题：①根据配料表和样板进行套裁，尽可能节约材料；②应有利于切割和保证构件质量；③当有工艺规定时，应按规定的方向取料。

切割下料的方法有气割、机械切割和等离子切割。

气割法是利用氧气与可燃气体混合产生的预热火焰加热金属表面达到燃烧温度，并使金属发生剧烈氧化，释放出大量的热促使下层金属燃烧，同时通以高压氧气射流，将氧化物吹除而产生一条狭小而整齐的割缝，随着割缝的移动切割出所需的形状。主要的气割方法有手工气割、半自动气割和特型气割等。气割法具有设备使用灵活、成本低、精度高等特点，是使用最为广泛的切割方法，能够切割各种厚度的钢材，尤其是厚钢板或带曲线的零件。气割前须将钢材切割区域表面的铁锈、污物等清除干净，气割后应清除熔渣和飞溅物。

机械切割是利用上下两剪切刀具的相对运动来切断钢材，或利用锯片的切削运动将钢材分离，或利用锯片与工件间的摩擦发热使金属熔化而被切断。常用的切割机械有剪板机、联合冲剪机、弓锯床、砂轮切割机等。其中，剪切法速度快、效率高，但切口较粗糙；锯割可以切割角钢、圆钢和各类型钢，切割速度和精度都较好。

等离子切割法是利用高温高速等离子焰流将切口处金属及其氧化物熔化并吹掉来完成切割，因此能切割任何金属，特别是熔点较高的不锈钢及有色金属铝、铜等。

2. 矫正和成型

（1）矫正

钢材使用前，由于材料内部的残余应力及存放、运输、吊运不当等原因，会引起钢材原材料变形；在加工成型过程中，由于操作和工艺原因会引起成型件变形；构件在连接过程中会存在焊接变形等。因此，必须对钢材进行矫正，以保证钢结构制作和安装质量。钢材的矫正方式主要有矫直、矫平、矫形三种。按矫正的外力来源，矫正分为火焰矫正、机械矫正和手工矫正等。

钢材的火焰矫正是利用火焰对钢材进行局部加热，被加热处理的金属由于膨胀受阻而产生压缩塑性变形，使较长的金属纤维冷却后缩短而完成。通常火焰加热位置、加热形式和加热热量是影响火焰矫正效果的主要因素。加热位置应选择在金属纤维较长的部位。加热形式有点状加热、线状加热和三角形加热。不同的加热热量使钢材获得不同的矫正变形能力，低碳钢和普通低合金钢的加热温度为600~800℃。

钢材的机械矫正是在专用矫正机上进行的。矫正机主要有拉伸矫正机、压力矫正机、碾压矫正机等。拉伸矫正机适用于薄板扭曲、型钢扭曲、钢管、带钢和线材等的矫正；压力矫正机适用于板材、钢管和型钢的局部矫正；碾压矫正机适用于型材、板材等的矫正。

钢材的手工矫正是利用锤击的方式对尺寸较小的钢材进行矫正。由于其矫正力小、劳动强度大、效率低，仅在缺乏或不便使用机械矫正时采用。在矫正时应注意以下问题：①碳素结构钢在环境温度低于-16℃、低合金结构钢在环境温度低于-12℃时，不得进行冷矫正和冷弯曲；②碳素结构钢和低合金结构钢在加热矫正时，加热温度应根据钢材性能选定，但不得超过900 ℃，低合金结构钢在加热矫正后应缓慢冷却；③当构件采用热加工成型时，加热温度宜控制在900~1000 ℃，碳素结构钢在温度下降到700 ℃之前，低合金结构钢在温度下降到800 ℃之前，应结束加工，低合金结构钢应缓慢冷却。

（2）成型

钢材的成型主要是指钢板卷曲和型材弯曲。

钢板卷曲是通过旋转辊轴对板材进行连续三点弯曲而形成。当制件曲率半径较大时，可在常温状态下卷曲；若制件曲率半径较小或钢板较厚，则须将钢板加热后进行。钢板卷曲分为单曲率卷曲和双曲率卷曲。单曲率卷曲包括圆柱面、圆锥面和任意柱面的卷曲，因其操作简便，工程中较常用。双曲率卷曲可以进行球面及双曲面的卷曲。

型材弯曲包括型钢弯曲和钢管弯曲。型钢弯曲时，由于截面重心线与力的作用线不在同一平面上，型钢除受弯曲力矩外还受扭矩的作用，所以，型钢断面会产生畸变。畸变程度取决于应力的大小，而应力的大小又取决于弯曲半径。弯曲半径越小，则畸变程度越大。在弯曲时，若制件的曲率半径较大，一般应采用冷弯，反之则应采用热弯。钢管弯曲时，为尽可能减少钢管在弯曲过程中的变形，通常应在管材中加入填充物（砂或弹簧）后进行弯曲，用碾轮和滑槽压在管材外面进行弯曲或用芯棒穿入管材内部进行弯曲。

3. 边缘和球节点加工

在钢结构加工过程中，一般应在下述位置或根据图纸要求进行边缘加工：①吊车梁翼缘板、支座支承面等图纸有要求的加工面；②焊缝坡口；③尺寸要求严格的加劲板、隔板、腹板和有孔眼的节点板等。常用的机具有刨边机、铣床、碳弧气割等。近年来常以精密切割代替刨铣加工，如半自动、自动气割机等。

螺栓球宜热锻成型，不得有裂纹、叠皱、过烧；焊接球宜采用钢板热压成半圆球，表面不得有裂纹、褶皱，并经机械加工坡口后焊成半圆球。螺栓球和焊接球的允许偏差应符合规范要求。网架钢管杆件直端宜采用机械下料，管口曲线采用自动切管机下料。

4. 制孔和组装

螺栓孔共分两类三级，其制孔加工质量和分组应符合规范要求。组装前，连接接触面和沿焊缝边缘每边 30~50 mm 范围内的铁锈、毛刺、污垢、冰雪等应清除干净；组装顺序应根据结构形式、焊接方法和焊接顺序等因素确定；构件的隐蔽部位应焊接、涂装，并经检查合格后方可封闭，完全封闭的构件内表面可不涂装；当采用夹具组装时，拆除夹具不得损伤母材，残留焊疤应修抹平整。

5. 表面处理、涂装和编号

表面处理主要是指对使用高强度螺栓连接时接触面的钢材表面进行加工，即采用砂轮、喷砂等方法对摩擦面的飞边、毛刺、焊疤等进行打磨。经过加工使其接触处表面的抗滑移系数达到设计要求额定值，一般为 0.45~0.55。

钢结构的腐蚀是长期使用过程中不可避免的一种自然现象，在钢材表面涂刷防护涂层，是防止钢材锈蚀的主要手段。防护涂层的选用，通常应从技术经济效果及涂料品种和使用环境方面综合考虑后做出选择。不同涂料对底层除锈质量要求不同，一般来说常规的油性涂料湿润性和透气性较好，对除锈质量要求可略低一些。而高性能涂料（如富锌涂料等），对底层表面处理要求较高。涂料、涂装遍数、涂层厚度均应满足设计要求，当设计对涂层厚度无要求时，宜涂装 4~5 遍。涂层干漆膜总厚度：室外为 150 μm，室内为 125 μm，允许偏差为−25 μm；涂装工程由工厂和安装单位共同承担时，每遍涂层干漆膜厚度的允许误差为−5 μm。

6. 构件验收与拼装

构件出厂时，应提交下列资料：产品合格证；施工图和设计变更文件，设计变更的内容应在施工图中相应部位注明；制作中对技术问题处理的协议文件；钢材、连接材料和涂装材料的质量证明书或试验报告；焊接工艺评定；高强度螺栓摩擦面抗滑移系数试验报告、焊缝无损检验报告及涂层检测资料；主要构件验收记录；预拼装记录；构件发运和包装清单。

由于受运输吊装等条件的限制，有时构件要分成两段或若干段出厂，为了保证安装的顺利进行，应根据构件或结构的复杂程度，或者根据设计的具体要求，由建设单位在合同中另行委托制作单位在出厂前进行预拼装。除管结构为立体预拼装，并可设卡、夹具外，其他结构一般均为平面预拼装。分段构件预拼装或构件与构件的总体拼装，如为螺栓连接，当预拼装时，所有节点连接板均应装上，除检查各部位尺寸外，还应用试孔器检查板叠孔的通过率。

二、钢结构的安装工艺

（一）钢构件的运输和存放

钢构件应根据钢结构的安装顺序，分单元成套供应。运输钢构件时应根据构件的长度、质量选择运输车辆，钢构件在运输车辆上的支点两端伸出的长度及绑扎方法均应保证钢构件不产生变形、不损伤涂层。钢构件应存放在平整坚实、无积水的场地上，且应满足按种类、型号、安装顺序分区存放的要求。构件底层垫枕应有足够的支撑面，并应防止支点下沉。相同型号的钢构件叠放时，各层钢构件的支点应在同一垂直线上，并应防止钢构件被压坏和变形。

（二）构件的安装和校正

钢结构安装前须对建筑物的定位轴线、基础轴线、标高、地脚螺栓位置等进行检查，并应进行基础检测和办理交接验收。基础顶面直接作为柱的支撑面和基础顶面预埋钢板或支座作为柱的支撑面时，钢垫板面积根据基础混凝土的抗压强度、柱脚底板下细石混凝土二次浇灌前柱底承受的荷载和地脚螺栓（锚栓）的紧固拉力计算确定。垫板设置在靠近地脚螺栓（锚栓）的柱脚底板加劲板或柱肢下，每根地脚螺栓（锚栓）侧应设 1~2 组垫板，每组垫板不得多于 5 块。垫板与基础面和柱底面的接触应平整紧密。当采用成对斜垫板时，其叠合长度不应小于垫板长度的 2/3。二次浇灌混凝土前垫板间应焊接固定。工程上常将无收缩砂浆作为坐浆材料，柱子吊装前砂浆试块强度应高于基础混凝土强度一个等级。为保证结构整体性，钢结构安装在形成空间刚度单元后，及时对柱底板和基础顶面的空隙采用细石混凝土二次浇灌。

钢结构安装前，要对构件的质量进行检查，当钢构件的变形、缺陷超出允许偏差时，待处理后，方可进行安装工作。厚钢板和异种钢板的焊接、高强度螺栓安装、栓钉焊和负温度下施工，须根据工艺试验，编制相应的施工工艺。

钢结构采用综合安装时，为保证结构的稳定性，在每一单元的钢构件安装完毕后，应及时形成空间刚度单元。大型构件或组成块体的网架结构，可采用单机或多机抬吊，亦可采用高空滑移安装。钢结构的柱、梁、屋架支撑等主要构件安装就位后，应立即进行校正工作，尤其应注意的是，安装校正时，要有相应措施，消除风、温差、日照等外界环境和焊接变形等因素的影响。

设计要求顶紧的节点，接触面应有70%的面紧贴，用0.3 mm厚塞尺检查，可插入的面积之和不得大于接触顶紧总面积的30%，边缘最大间隙不应大于0.8 mm。

（三）钢构件的连接和固定

钢构件的连接方式通常有焊接和螺栓连接。随着高强度螺栓连接和焊接连接的大量采用，对被连接件的要求越来越严格。如构件位移、水平度、垂直度、磨平顶紧的密贴程度、板叠摩擦面的处理、连接间隙、孔的同心度、未焊表面处理等，都应经质量监督部门检查认可，方能进行紧固和焊接，以免留下难以处理的隐患。焊接和高强度螺栓并用的连接，当设计无特殊要求时，应按先栓后焊的顺序施工。

1. 钢构件的焊接连接

（1）钢构件焊接连接的基本要求

钢构件焊接连接的基本要求：施工单位对首次采用的钢材、焊接材料、焊接方法、焊后热处理等，应按国家现行的规定进行焊接工艺评定，并确定出焊接工艺。焊接工艺评定是保证钢结构焊缝质量的前提，通过焊接工艺评定选择最佳的焊接材料、焊接方法、焊接工艺参数、焊后热处理等，以保证焊接接头的力学性能达到设计要求。焊工要经过考试并取得合格证后方可从事焊接工作，焊工应遵守焊接工艺，不得自由施焊及在焊道外的母材上引弧。焊丝、焊条、焊钉、焊剂的使用应符合规范要求。安装定位焊缝需考虑工地安装的特点，如构件的自重、所承受的外力、气候影响等，其焊点数量、高度、长度均应由计算确定。焊条的药皮是保证焊接过程正常和焊接质量及参与熔化过渡的基础。生锈焊条严禁使用。

为防止起弧落弧时弧坑缺陷出现应力集中，角焊缝的端部在构件的转角处宜连续绕角施焊，垫板、节点板的连续角焊缝，其落弧点应距离端部至少10 mm；多层焊接应连续不断地施焊；凹形角焊缝的金属与母材间应平缓过渡，以提高其抗疲劳性能。定位焊所采用的焊接材料应与焊件材质相匹配，在定位焊施工时易出现收缩裂纹、冷淬裂纹及未焊透等质量缺陷。因此，应采用回焊引弧、落弧添满弧坑的方法，且焊缝长度应符合设计要求，一般为设计焊缝高度的 7 倍。

焊缝检验应按国家有关标准进行。为防止延迟裂纹漏检，碳素结构钢应在焊缝冷却到环境温度、低合金钢应在完成焊接 24 h 后，方可进行焊缝探伤检验。

（2）焊接接头

钢结构的焊接接头按焊接方法分为熔化接头和电渣焊接头两大类。在手工电弧焊中，熔化接头根据焊件厚度、使用条件、结构形状的不同又分为对接接头、角接接头、“T”形接头和搭接接头等形式。对厚度较厚的构件，为了提高焊接质量，保证电弧能深入焊缝的根部，使根部能焊透，同时获得较好的焊缝形态，通常要开坡口。

（3）焊缝形式

焊缝形式按施焊的空间位置可分为平焊缝、横焊缝、立焊缝及仰焊缝四种。平焊的熔滴靠自重过渡，操作简便，质量稳定；横焊因熔化金属易下滴，而使焊缝上侧产生咬边，下侧产生焊瘤或未焊透等缺陷；立焊成缝较为困难，易产生咬边、焊瘤、夹渣、表面不平等缺陷；仰焊必须保持最短的弧长，因此常出现未焊透、凹陷等质量缺陷。

焊缝形式按结合形式分为对接焊缝、角接焊缝和塞焊缝三种。

对接焊缝的主要尺寸：焊缝有效高度 s 、焊缝宽度 c 、余高 h 。角焊缝主要以高度 k 表示，塞焊缝则以熔核直径 d 表示。

（4）焊接工艺参数

手工电弧焊的焊接工艺参数主要包括焊接电流、电弧电压、焊条直径、焊接层数、电源种类和极性等。

焊接电流的确定与焊条的类型、直径、焊件厚度、接头形式、焊缝位置等因素有关，在一般钢结构焊接中，可根据电流大小与焊条直径的关系，即下式进行平焊电流的试选：

$$I = 10d^2 \tag{4-9}$$

式中：I——焊接电流，A；

d——焊条直径，mm。

立焊电流比平焊电流减小 15%～20%，横焊和仰焊电流则应比平焊电流减小 10%～15%。电弧电压由焊接电流确定，同时，其大小还与电弧长度有关，电弧长则电压高，电弧短则电压低，一般要求电弧长不大于焊条直径。焊条直径主要与焊件厚度、接头形式、焊缝位置和焊接层次等因素有关。为保证焊接质量，工程上多倾向于选择较大直径焊条，并且在平焊时直径可大一些；立焊所用焊条直径不超过 5 mm；横焊和仰焊所用焊条直径不超过 4 mm；坡口焊时，为防止未焊透缺陷，第一层焊缝宜采用直径为 3.2 mm 的焊条。

焊接层数由焊件的厚度而定，除薄板外，一般都采用多层焊。焊接层数过多，每层焊缝的厚度过大，对焊缝金属的塑性有不利影响，施工时每层焊缝的厚度不应大于4~5 mm。在重要结构或厚板结构中应采用直流电源，其他情况则首先应考虑交流电源，根据焊条的形式和焊接特点的不同，利用电弧中的阳极温度比阴极温度高的特点，选用不同的极性来焊接各种不同的构件。用碱性焊条或焊接薄板时，采用直流反接（工件接负极），而用酸性焊条时，则通常采用正接（工件接正极）。

（5）运条方法

钢结构正常施焊时，焊条有三种运动方式：

①焊条沿其中心线送进，以免发生断弧。

②焊条沿焊缝方向移动，移动的速度应根据焊条直径、焊接电流、焊件厚度、焊缝装配情况及其位置确定，移动速度要适中。

③焊条做横向摆动，以便获得需要的焊缝宽度，焊缝宽度一般为焊条直径的1.5倍。

（6）焊缝的后处理

焊接工作结束后，应做好清除焊缝飞溅物、焊渣、焊瘤等工作。无特殊要求时，应根据焊接接头的残余应力、组织状态、熔敷金属含氢量和力学性能决定是否需要焊后热处理。

2. 普通螺栓连接

普通螺栓是钢结构常用的紧固件之一，用作钢结构中的构件连接固定或钢结构与基础的连接固定。

（1）类型与用途

常用的普通螺栓有六角螺栓、双头螺栓和地脚螺栓等。

六角螺栓按其头部支撑面大小及安装位置尺寸分大六角头和六角头两种，按制造质量和产品等级则分为A、B、C三种。A级螺栓又称精制螺栓，B级螺栓又称半精制螺栓。A、B级螺栓适用于拆装式结构或连接部位须传递较大剪力的重要结构的安装。C级螺栓又称粗制螺栓，适用于钢结构安装的临时固定。

双头螺栓多用于连接厚板和不便使用六角螺栓的连接处，如混凝土屋架、屋面梁悬挂吊件等。

地脚螺栓一般有地脚螺栓、直角地脚螺栓、锤头螺栓和锚固地脚螺栓等形式。通常，地脚螺栓和直角地脚螺栓预埋在结构基础中用以固定钢柱；锤头螺栓是基础螺栓的一种特殊形式，在浇筑基础混凝土时将特制模箱（锚固板）预埋在基础内，用以固定钢柱；锚固地脚螺栓是在已形成的混凝土基础上经钻机制孔后，再浇筑固定的一种地脚螺栓。

（2）普通螺栓的施工

①连接要求

普通螺栓在连接时应符合以下要求：

永久螺栓的螺栓头和螺母的下面应放置平垫圈，螺母下的垫圈不应多于 2 个，螺栓头下的垫圈不应多于 1 个；螺栓头和螺母应与结构构件的表面及垫圈密贴；对于倾斜面的螺栓连接，应采用斜垫片垫平，使螺母和螺栓的头部支撑面垂直于螺杆，避免紧固螺栓时螺杆受到弯曲力；永久螺栓和锚固螺栓的螺母应根据施工图纸中的设计规定，采用有放松装置的螺母或弹簧垫圈；对于动荷载或重要部位的螺栓连接，应在螺母下面按设计要求放置弹簧垫圈；从螺母一侧伸出螺栓的长度应保持在不小于 2 个完整螺纹的长度；使用螺栓等级和材质应符合施工图纸的要求。

②螺栓长度

确定连接螺栓的长度 L，按下式计算：

$$L = \delta + H + nh + C \tag{4-10}$$

式中：δ——连接板约束厚度，mm；

H——螺母高度，mm；

n——垫圈个数，个；

h——垫圈厚度，mm；

C——螺杆余长，5~10 mm。

③紧固轴力

为了使螺栓受力均匀，尽量减少连接件变形对紧固轴力的影响，保证各节点连接螺栓的质量，螺栓紧固必须从中心开始，对称施拧。其紧固轴力不应超过相应规定。永久螺栓拧紧质量检验采用锤敲或用力矩扳手检验，要求螺栓不颤头和偏移，拧紧程度用塞尺检验，对接表面高差（不平度）不应超过 0.5 mm。

3. 高强度螺栓连接

高强度螺栓是用优质碳素钢或低合金钢材制作而成的，具有强度高、施工方便、安装速度快、受力性能好、安全可靠等特点，已广泛地应用于大跨度结构、工业厂房、桥梁结构、高层钢框架结构等的钢结构工程中。

（1）六角头高强度螺栓和扭剪型高强度螺栓

六角头高强度螺栓为粗牙普通螺纹，有 8.8S 和 10.9S 两种等级。一个六角头高强度螺栓连接副由一个螺栓、一个螺母和两个垫圈组成。高强度螺栓连接副应同批制造，保证扭矩系数稳定，同批连接副扭矩系数平均值为 0.110~0.150，其扭矩系数标准偏差应不大于

0.010。扭矩系数可按下式计算：

$$K = M/(Pd) \tag{4-11}$$

式中：K——扭矩系数；

M——施加扭矩，N·m；

P——高强度螺栓预拉力，kN；

d——高强度螺栓公称直径，mm。

扭剪型高强度螺栓连接副由一个螺栓、一个螺母和一个垫圈组成，它适用于摩擦型连接的钢结构。

（2）高强度螺栓的施工

高强度螺栓连接副是按出厂批号包装供货和提供产品质量证明书的，因此，在储存、运输、施工过程中，应严格按批号存放、使用。不同批号的螺栓、螺母、垫圈不得混杂使用。高强度螺栓连接副的表面经特殊处理，在施拧前要保持原状，以免扭矩系数和标准偏差或紧固轴力和变异系数发生变化。为确保高强度螺栓连接副的施工质量，施工单位应按出厂批号进行复验。其方法是：高强度大六角头螺栓连接副每批号随机抽 8 套，复验扭矩系数和标准偏差；扭剪型高强度螺栓连接副每批号随机抽 5 套，复验紧固轴力和变异系数。施工单位应在产品质量保证期内及时复验，复验数据作为施拧的主要参数。为保证丝扣不受损伤，安装高强度螺栓时，不得强行穿入螺栓或兼做安装螺栓。

高强度螺栓的拧紧分为初拧和终拧两步进行，这样可减小先拧与后拧的高强度螺栓预拉力的差别。大型节点应分初拧、复拧和终拧三步进行，增加复拧是为了减少初拧后过大的螺栓预拉力损失，为使被连接板叠紧密贴，施工时应从螺栓群中央顺序向外拧，即从节点中刚度大的中央按顺序向不受约束的边缘施拧，同时，为防止高强度螺栓连接副的表面处理涂层发生变化影响预拉力，应在当天终拧完毕。

高强度大六角头螺栓施拧用的扭矩扳手，一般采用电动定扭矩扳手或手动扭矩扳手，检查用扭矩扳手多采用手动指针式扭矩扳手或带百分表的扭矩扳手。扭矩扳手在班前和班后均应进行扭矩校正，施拧用扳手的扭矩为±5%，检查用扳手的扭矩为±3%。

对于高强度螺栓终拧后的检查，扭剪型高强度螺栓可采用目测法检查螺栓尾部梅花头是否拧掉；高强度大六角头螺栓可采用小锤敲击法逐个进行检查，其方法是用手指紧按住螺母的一个边，用质量为 0.3~0.5 kg 的小锤敲击螺母相对应的另一边，如手指感到轻微颤动即为合格，颤动较大即为欠拧或漏拧，完全不颤动即为超拧。高强度大六角头螺栓终拧结束后的检查除了采用小锤敲击法逐个进行检查外，还应在终拧 1 h 后、24 h 内进行扭矩抽查。扭矩抽查的方法：先在螺母与螺杆的相对应位置画一细直线，然后将螺母退回

30°~50°，再拧至原位（与该细直线重合）时测定扭矩，该扭矩与检查扭矩的偏差在检查扭矩的±10%范围以内即为合格。检查扭矩按下式计算：

$$T_{ch}=KPd \tag{4-12}$$

式中：T_{ch}——检查扭矩，N·m。

（四）钢结构工程的验收

钢结构工程的验收，应在钢结构的全部或空间刚度单元的安装工作完成后进行，通常验收应提交下列资料：钢结构工程竣工图和设计文件；安装过程中形成的与工程技术有关的文件；安装所采用的钢材、连接材料和涂料等材料的质量证明书或试验、复验报告；工厂制作构件的出厂合格证；焊接工艺评定报告和质量检验报告；高强度螺栓抗滑移系数试验报告和检查记录；隐蔽工程验收和工程中间检查交接记录；结构安装检测记录及安装质量评定资料；钢结构安装后涂装检测资料；设计要求的钢结构试验报告。

第四节　结构安装工程质量要求及安全措施

钢结构工程的施工质量直接关系到人民群众的生命和财产安全，项目经理应严格管控施工质量、安全，加强施工过程每个环节的控制，钢结构工程因其具有质重轻、抗震效果及塑性韧性好、强度高、施工方便快捷、利用空间大且经济适用等特点，被广泛利用于企业大跨度厂房及跨度较大的公共建筑上。钢结构工程的施工质量直接影响工程建筑结构及使用安全，为确保工程质量，作为工程质量主要责任人和管理者的项目经理对工程的施工质量安全的有效管理及控制就显得特别重要。

一、单层、多层钢筋混凝土结构安装质量要求

钢筋混凝土结构在建筑市场中是多见的，它已经被普遍地采用了，如何保证混凝土的质量安全成为施工现场的首要安全措施之一。当混凝土强度达到设计强度75%以上时，需要预应力构件孔道灌浆的强度达到15MPa以上才可以进行构件的吊装。在安装构件前，首先需要对构件进行编号和弹线，并且对构件及预制件进行多方面的校正工作，其次就是当构件安装到位后，我们要采取临时的加固，措施进行加固以免造成构件的不稳定。在吊装装配式框架结构时，只有在结头和接缝的混凝土的强度大于10MPa时才能进行下一次的结构构件安装。

二、单层钢结构安装质量要求

钢结构基础施工时，应注意保证基础顶面标高及地脚螺栓位置的准确。其偏差值应在允许偏差范围内。钢结构安装应按施工组织设计进行。安装程序必须保持结构的稳定性且不导致永久性变形。钢结构安装前，应按构件明细表核对进场的构件，查验产品合格证和设计文件；工厂预拼装过的构件在现场拼装时，应根据预拼装记录进行。钢结构安装偏差的检测，应在结构形成空间刚度单元并连接固定后进行，其偏差在允许偏差范围内。

三、钢结构工程施工质量管理

通常情况下，混凝土独立柱基础是钢结构建筑工程中采用最广泛的基础，其施工过程中的混凝土、钢筋、模板的方法及工序与其他钢筋混凝土工程的施工方法相同。但须注意的是，混凝土独立柱基础施工时质量控制的关键为预埋螺栓，各个螺栓的质量及各螺栓的间距、标高控制的偏差，都将对钢结构建筑工程质量产生直接影响。因此，控制预埋螺栓的质量是控制钢结构中基础工程的施工质量的重点，应严格要求并监督施工单位对其偏差进行精确的把控。

（一）控制钢结构中主体工程的质量

在对梁、柱施工时，检查质量工作的重要内容主要包括：柱体的位置及垂直度；柱垫层的垫实度与平整度；梁的垂直度、平直度、各节点的质量、摩擦面的清理程度。起吊前必须通过仔细、全面的检查，待得到合格的验收结论后，方可起吊。除此之外，当钢结构形成了固定的空间并通过合格验收后，应立即责令施工方用膨胀混凝土，对柱底板与基础顶面的空间进行第二次浇筑并密实。

（二）安全管理保证体系的建立健全

由总监理工程师牵头、各单位安全员配合建立健全完善的安全管理体系，总监为安全总负责人，领导各方直接对施工现场的安全进行监督并负总责。安全员必须通过各地区相关部门的资格考试并取得安全员证书，且具备相应的安全管理能力，能对施工现场的安全起到监督作用。

（三）施工准备阶段的完善准备

对施工图的会审进行加强，组织各单位的专业技术人员对施工图进行严密会审，检查并讨论出施工图中的各不严密项并对此商讨出解决方案，力争在施工准备阶段将问题全部解决，以尽可能地减少由图纸因素对工程质量和进度造成影响。除此之外，对钢结构安装的施工组织设计方案也必须认真审查。

（四）安全内业资料管理的建立完善

这是工程建设中项目管理极为重要的手段。规范化的管理内业资料有利于提高施工现场的管理水平和建筑工程施工的现代化程度。在钢结构桥梁施工的安全管理过程中更加要重视内业资料的规范化程度。

四、安全措施

结构安装中有许多高空作业，有机械之间的配合，更多的也是技术工人的实践。在与重型机械起重机等机器一起工作时，做好正确的安全防护措施是十分必要的，避免在工程实施时出现严重的问题。

（一）使用机械的安全要求

吊装所用的钢丝绳，事先必须认真检查，表面磨损，若腐蚀达钢丝绳直径 10%时，不准使用。起重机负重开行时，应缓慢行驶，且构件离地不得超过 500 mm。起重机在接近满荷时，不得同时进行两种操作动作。

起重机工作时，严禁碰触高压电线。起重臂、钢丝绳、重物等与架空电线要保持一定的安全距离。发现吊钩、卡环出现变形或裂纹时，不得再使用。起吊构件时，吊钩的升降要平稳，避免紧急制动和冲击。对新到、修复或改装的起重机在使用前必须进行检查、试吊；要进行静、动负荷试验。试验时，所吊重物为最大起重量的 125%，且离地面 1 m，悬空 10 min。起重机停止工作时，起动装置要关闭上锁。吊钩必须升高，防止摆动伤人，并不得悬挂物件。

（二）操作人员的安全要求

从事安装工作人员要进行体格检查，心脏病或高血压患者不得进行高空作业。操作人员进入现场时，必须戴安全帽、手套，高空作业时还要系好安全带，所带的工具要用绳子扎牢或放入工具包内。在高空进行电焊焊接要系安全带，着防护罩；潮湿地点作业，要穿绝缘胶鞋。进行结构安装时，要统一用哨声、红绿旗、手势等指挥，所有作业人员均应熟悉各种信号。

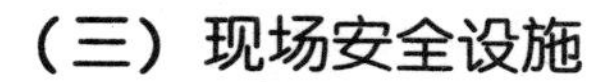

（三）现场安全设施

不管是高空坠落物还是工人自身的坠落，都将直接威胁到生命安全。在钢柱起吊前必须安装便于操作人员上下的爬梯，以便于摘构及安装钢梁时人员的上下。爬梯的安装一般应根据构件的高度确定，对超过 6 m 以上的钢柱要对爬梯进行绑扎固定。安装操作人员大部分作业时间均在狭窄的主、次梁上作业或行走，所以，必须张挂水平安全网进行防护，水平安全防护网与高空作业人员的防护距离一般不超过 10 m。钢梁安装完毕后设置安全防护绳供人员行走时挂安全带，这是钢结构施工中保证作业人员安全的重要措施之一。紧固高强螺栓时，在钢柱牛腿和钢梁联结处设吊篮，施工人员在吊篮里进行高强螺栓联结和焊接操作。

施工人员应随身佩带防坠器，人员在上下钢柱时防止坠落。高空作业时，所使用的工具用完后必须随手放入随身携带的工具包内。施工人员操作时，必须将安全带挂在安全防护绳上，做到高挂低用，保证高空操作安全。在钢结构工程施工中，安全防护占据着整个工程的重要位置。安全监督是一项重要的管理工作，钢结构安装作业人员在整个施工过程中全部都处于高空作业状态，安装、校准、焊接、铺板，以及水、暖、电等多道工序穿插（交叉）作业情况较为普遍，施工临边较多，对安全防护要求较高，在具体的施工过程中应引起高度重视。总之，只有在保证安全的前提下，才能做出更好的质量。

第五章 建设工程项目质量控制

第一节 建设工程项目质量控制基础

一、建设工程项目质量控制概述

（一）建设工程质量

1. 建设工程质量含义

建设工程质量是指满足一个国家现行的有关法律、法规、技术标准、设计文件和合同中，对工程的安全、适用、经济、环保、美观等特性的综合要求，包括工程实体质量与工程建设各阶段、各环节的工作质量。

2. 工程建设各阶段对质量形成的作用与影响

工程建设的不同阶段，对建设工程项目质量的形成起着不同的作用和影响。

（1）项目可行性研究

通过项目的可行性研究，确定项目建设的可行性，并在可行的情况下，通过多方案比较，从中选择出最佳建设方案，作为项目决策和设计的依据。在此阶段，需要确定建设工程项目的质量要求，并与投资目标相协调。因此，项目的可行性研究直接影响项目的决策质量和设计质量。

（2）项目决策

项目决策阶段是通过项目可行性研究和项目评估，对项目的建设方案做出决策。项目决策阶段对工程质量的影响主要是确定建设工程项目应达到的质量目标和水平。

（3）工程勘察、设计

工程的地质勘查是为建设场地的选择和工程的设计与施工提供地质资料依据，而工程设计是根据建设项目总体需要和地质报告，对工程的外形和内在的实体进行筹划、研究、构思、设计和描绘，形成设计说明书和图纸等相关文件，使得质量目标和水平具体化，为施工提供直接依据。工程设计质量是决定工程质量的关键环节。

（4）工程施工

工程施工活动决定了设计意图能否体现，直接关系工程的安全可靠、使用功能的保证，以及外表观感能否体现建筑设计的艺术水平。在一定程度上，工程施工是形成实体质量的决定性环节。

（5）工程竣工验收

工程竣工验收就是对项目施工阶段的质量通过检查评定、试车运转，考核项目质量是否达到设计要求、是否符合决策阶段确定的质量目标和水平，并通过验收确保建设工程项目的质量。所以，工程竣工验收可以保证最终产品的质量。

3. 影响建设工程质量的因素

影响建设工程质量的因素归纳起来主要有五个方面，即人（Man）、材料（Material）、机械（Machine）、方法（Method）和环境（Environment），简称 4M1E 因素。

（1）人员素质

人是生产经营活动的主体，也是建设工程项目建设的决策者、管理者、操作者，人员素质将直接和间接地对规划、决策、勘察、设计和施工的质量产生影响。因此，建筑行业实行的经营资质管理和各类专业从业人员持证上岗制度是保证人员素质的重要管理措施。

（2）工程材料

工程材料选用是否合理、产品是否合格、材质是否经过检验、保管使用是否得当等，都将直接影响建设工程的结构刚度和强度、工程外表及观感、工程的使用功能、工程的安全使用。

（3）机械设备

机械设备可分为两类：一是指组成工程实体及配套的工艺设备和各类机具，它们构成了建筑设备安装工程或工业设备安装工程，形成完整的使用功能；二是指施工过程中使用的各类机具设备，简称施工机具设备，它们是施工生产的手段。机具设备对工程质量也有重要的影响。工程用机具设备的产品质量优劣，直接影响工程使用功能。施工机具设备的类型是否符合工程施工特点、性能是否先进稳定、操作是否方便安全等，都将会影响建设工程项目的质量。

（4）方法

在工程施工中，施工方案是否合理，施工工艺是否先进，施工操作是否正确，都将对工程质量产生重大的影响。大力推进采用新技术、新工艺、新方法，不断提高工艺技术水平，是保证工程质量稳定提高的重要因素。

（5）环境条件

环境条件是指对工程质量特性起重要作用的环境因素，包括工程技术环境、工程作业环境、工程管理环境、周边环境等。环境条件往往对工程质量产生特定的影响。加强环境管理，改进作业条件，把握好技术环境，辅以必要的措施，是控制环境对质量影响的重要保证。

4. 建设工程质量的特点

建设工程质量的特点是由建设工程本身和建设生产的特点决定的。建设工程（产品）及其生产的特点：一是产品的固定性、生产的流动性；二是产品多样性、生产的单件性；三是产品形体庞大，高投入，生产周期长，具有风险性；四是产品的社会性、生产的外部约束性。

正是由于上述建设工程的特点而形成了工程质量本身有以下特点：

（1）影响因素多

建设工程质量受到多种因素的影响，如决策、设计、材料、机具设备、施工方法、施工工艺、技术措施、人员素质、工期、工程造价等，这些因素直接或间接地影响建设工程项目质量。

（2）质量波动大

由于建筑生产的单件性、流动性，工程质量容易产生波动且波动大。同时由于影响工程质量的偶然性因素和系统性因素比较多，其中任一因素发生变动，都会使工程质量产生波动。为此，要严防出现系统性因素的质量变异，要把质量波动控制在偶然性因素范围内。

（3）质量隐蔽性

建设工程在施工过程中，分项工程交接多，中间产品多，隐蔽工程多，因此质量存在隐蔽性。若在施工中不及时进行质量检查，事后只能从表面上检查，就很难发现内在的质量问题，这样就容易产生判断错误，即第一类判断错误（将合格品判为不合格品）和第二类判断错误（将不合格品误认为合格品）。

（4）终检的局限性

建设工程项目的终检（竣工验收）无法对工程内在质量进行检验，发现隐蔽的质量缺陷。因此，建设工程项目的终检存在一定的局限性，这就要求工程质量控制应以预防为主，重视事先、事中控制，防患于未然。

（5）评价方法的特殊性

工程质量的检查评定及验收是按检验批、分项工程、分部工程、单位工程进行的。检验批的质量是分项工程乃至整个工程质量检验的基础，检验批合格质量主要取决于主控项目和一般项目经抽样检验的结果。隐蔽工程在隐蔽前要检查合格后验收，涉及结构安全的试块、试件以及有关材料，应按规定进行见证取样检测，涉及结构安全和使用功能的重要分部工程要进行抽样检测。工程质量是在施工单位按合格质量标准自行检查评定的基础上，由监理工程师（或建设单位项目负责人）组织有关单位、人员进行检验确认验收。这种评价方法体现了“验评分离、强化验收、完善手段、过程控制”的指导思想。

二、建设工程质量控制

质量控制是质量管理的一部分而不是全部。质量控制是在明确的质量目标和具体的条件下，通过行动方案和资源配置的计划、实施、检查和监督，进行质量目标的事前预控、事中控制和事后纠偏控制，实现预期质量目标的系统过程。

（一）建设工程质量控制含义

建设工程质量控制是指致力于满足工程质量要求，也就是为了保证工程质量满足工程合同、规范标准所采取的一系列措施、方法和手段。工程质量要求主要表现为工程合同、设计文件、技术规范标准规定的质量标准。

（二）建设工程质量责任体系

在建设工程项目建设中，参与工程建设的各方，应根据规定承担相应的质量责任。

1. 建设单位的质量责任

①建设单位要根据工程的特点和技术要求，按有关规定选择相应资质等级的勘查、设计单位和施工单位。建设单位对其自行选择的设计、施工单位发生的质量问责。②建设单位应根据工程的特点，配备相应的质量管理人员。对国家规定强制实行监理的建设工程项目，必须委托有相应资质等级的工程监理单位进行监理。建设单位应与监理单位签订监理合同，明确双方的责任和义务。③建设单位在工程开工前，负责办理有关施工图设计文件审查、工程施工许可证和工程质量监督手续，组织设计单位和施工单位认真进行设计交底和图纸会审；建设工程项目竣工后，应及时组织设计、施工、工程监理等有关单位进行施工验收，未经验收备案或验收备案不合格的，不得交付使用。④建设单位按合同的约定负责采购供应的建筑材料、建筑构配件和设备，应符合设计文件和合同要求，对于发生的质量问题，应承担相应的责任。

2. 勘察、设计单位的质量责任

勘察、设计单位必须按照国家现行的有关规定、工程建设强制性技术标准和合同要求进行勘察、设计工作，并对所编制的勘察、设计文件的质量负责。

3. 施工单位的质量责任

施工单位对所承包的建设工程项目的施工质量负责。对于实行总承包的工程，总承包单位应对全部建设工程质量负责。对于勘察、设计、施工、设备采购的一项或多项实行总承包的工程，总承包单位应对其承包的建设工程或采购的设备的质量负责；对于实行总分包的工程，分包单位应按照分包合同约定对其分包工程的质量向总承包单位负责，总承包单位与分包单位对分包工程的质量承担连带责任。

4. 工程监理单位的质量责任

工程监理单位应依照法律、法规以及有关技术标准、设计文件和建设工程承包合同，与建设单位签订监理合同，代表建设单位对工程质量实施监理，并对工程质量承担监理责任。监理责任上要有违法责任和违约责任两个方面。如果工程监理单位故意弄虚作假，降低工程质量标准，造成质量事故，要承担法律责任。若工程监理单位与承包单位串通，谋取非法利益，给建设单位造成损失，应当与承包单位承担连带赔偿责任。如果监理单位在责任期内，不按照监理合同约定履行监理职责，给建设单位或其他单位造成损失，属违约责任，应当向建设单位赔偿。

5. 建筑材料、构配件及设备生产或供应单位的质量责任

建筑材料、构配件及设备生产或供应单位应对其生产或供应的产品质量负责。

（三）工程质量的政府监督管理

1. 工程质量的政府监督管理体制和职能

（1）监督管理体制

国务院建设行政主管部门对全国的建设工程质量实施统一监督管理。县级以上地方人民政府建设行政主管部门对本行政区域内的建设工程质量实施监督管理。政府的工程质量监督管理具有权威性、强制性、综合性的特点。

（2）管理职能

第一，建立和完善工程质量管理法规。

第二，建立和落实工程质量责任制。

第三，建设活动主体资格的管理。

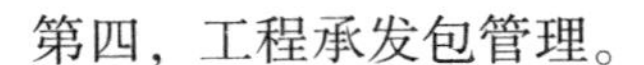

第四，工程承发包管理。

第五，控制工程建设程序。

2. **工程质量管理制度**

我国建设行政主管部门先后颁发了多项建设工程质量管理制度，主要有施工图设计文件审查制度、工程质量监督制度、工程质量检测制度、工程质量保修制度。

第二节　建设工程项目质量控制体系

一、施工企业质量管理体系的建立与认证

建筑施工企业质量管理体系是企业为实施质量管理而建立的管理体系，通过第三方质量认证机构的认证，为该企业的工程承包经营和质量管理奠定基础。

（一）质量管理原则

质量管理原则是ISO 9000族标准的编制基础，是世界各国质量管理成功经验的科学总结，其中不少内容与我国全面质量管理的经验吻合。它的贯彻执行能促进企业管理水平的提高，提高顾客对其产品或服务的满意程度，帮助企业达到持续成功的目的。质量管理七项原则，具体内容如下：

1. **以顾客为关注焦点**

质量管理的首要关注点是满足顾客要求并且努力超越顾客期望。

2. **领导作用**

各级领导建立统一的宗旨和方向，并创造全员积极参与实现组织的质量目标的条件。

3. **全员积极参与**

整个组织内各级胜任、经授权并积极参与的人员，是提高组织创造和提供价值能力的必要条件。

4. **过程方法**

将活动作为相互关联、功能连贯的过程组成的体系来理解和管理时，可以更加有效和高效地得到一致的、可预知的结果。

5. 改进

成功的组织持续关注改进。

6. 循证决策

基于数据和信息的分析和评价的决策，更有可能产生期望的结果。

7. 关系管理

为了持续成功，组织需要管理与有关相关方（如供方）的关系。

（二）企业质量管理体系文件构成

企业应具有完整而科学的质量体系文件，这些文件的详略程度无统一规定，以适合于企业使用、使过程受控为准则。

1. 质量方针和质量目标

质量方针和质量目标一般都以简明的文字来表述，是企业质量管理的方向目标，应反映用户及社会对工程质量的要求及企业相应的质量水平和服务承诺，也是企业质量经营理念的反映。

2. 质量手册的要求

质量手册是规定企业组织建立质量管理体系的文件，用于对企业质量管理体系进行系统、完整和概要的描述。其内容一般包括：企业的质量方针、质量目标，组织机构及质量职责，体系要素或基本控制程序，质量手册的评审、修改和控制的管理办法。

质量手册作为企业质量管理系统的纲领性文件，应具备指令性、系统性、协调性、先进性、可行性和可检查性。

3. 程序文件的要求

质量体系程序文件是质量手册的支持性文件，是企业各职能部门为落实质量手册要求而规定的细则。企业为落实质量管理工作而建立的各项管理标准、规章制度都属程序文件范畴。

各企业程序文件的内容及详略可视企业情况而定。一般有以下六个方面的程序为通用性管理程序，各类企业都应在程序文件中制定：文件控制程序、质量记录管理程序、内部审核程序、不合格品控制程序、纠正措施控制程序、预防措施控制程序。

涉及产品质量形成过程各环节控制的程序文件，如生产过程、服务过程、管理过程、监督过程等管理程序，不做统一规定，可视企业质量控制的需要而制定。

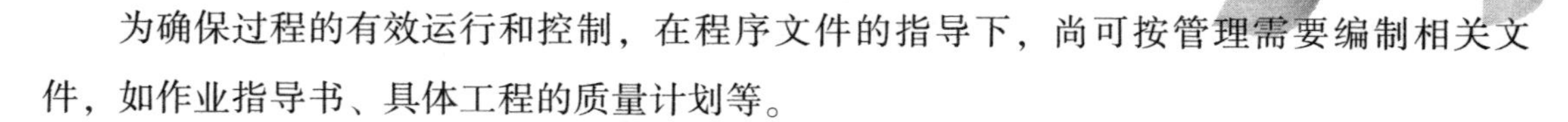

为确保过程的有效运行和控制，在程序文件的指导下，尚可按管理需要编制相关文件，如作业指导书、具体工程的质量计划等。

4. 质量记录的要求

质量记录是产品质量水平和质量体系中各项质量活动进行及结果的客观反映。对质量管理体系程序文件所规定的运行过程及控制测量检查的内容如实加以记录，用以证明产品质量达到合同要求及质量保证的满足程度。如在控制体系中出现偏差，则质量记录不仅应反映出偏差情况，而且应反映出针对不足之处所采取的纠正措施及纠正效果。

质量记录应完整地反映质量活动实施、验证和评审的情况，并记载关键活动的过程参数，具有可追溯性的特点。质量记录以规定的形式和程序进行，并且实施、验证、审核等签署意见。

（三）企业质量管理体系的建立与运行

1. 企业质量管理体系的建立

①企业质量管理体系的建立，是在确定市场及顾客需求的前提下，按照八项质量管理原则制定企业的质量方针、质量目标、质量手册、程序文件及质量记录等体系文件，并将质量目标分解落实到相关层次、相关岗位的职能和职责中，形成企业质量管理体系的执行系统。②企业质量管理体系的建立还包含组织企业不同层次的员工进行培训，使体系的工作内容和执行要求为员工所了解，为形成全员参与的企业质量管理体系的运行创造条件。③企业质量管理体系的建立须识别并提供实现质量目标和持续改进所需的资源，包括人员、基础设施、环境、信息等。

2. 企业质量管理体系的运行

①按质量管理体系文件所制定的程序、标准、工作要求及目标分解的岗位职责进行运作。②按各类体系文件的要求，监视、测量和分析过程的有效性和效率，做好文件规定的质量记录。③按文件规定的办法进行质量管理评审和考核。④落实质量体系的内部审核程序，有组织、有计划地开展内部质量审核活动，其主要目的是评价质量管理程序的执行情况及适用性；揭露过程中存在的问题，为质量改进提供依据；检查质量体系运行的信息；向外部审核单位提供体系有效的证据。

二、建设工程项目质量控制体系的建立和运行

为了有效地进行系统、全面的质量控制，必须由项目实施的总负责单位负责建设工程

项目质量控制体系的建立和运行，实施质量目标的控制。

（一）建设工程项目质量控制体系的性质、特点和构成

1. 建设工程项目质量控制体系的性质

建设工程项目质量控制体系既不是业主方也不是施工方的质量管理体系或质量保证体系，而是建设工程项目目标控制的一个工作系统，具有下列性质：

①建设工程项目质量控制体系是以建设工程项目为对象，由建设工程项目实施的总组织者负责建立的面向项目对象开展质量控制的工作体系；②建设工程项目质量控制体系是建设工程项目管理组织的一个目标控制体系，它是与项目投资控制、进度控制、职业健康安全与环境管理等目标控制体系，共同依托于同一项目管理的组织机构；③建设工程项目质量控制体系根据建设工程项目管理的实际需要而建立，随着建设工程项目的完成和项目管理组织的解体而消失，因此，它是一个一次性的质量控制工作体系，不同于企业的质量管理体系。

2. 建设工程项目质量控制体系的特点

与建筑企业或其他组织机构标准建立的质量管理体系相比较，它们的区别体现在以下五个方面：

（1）建立的目的不同

建设工程项目质量控制体系只用于特定的建设工程项目质量控制，而不用于建筑企业的质量管理。

（2）服务的范围不同

建设工程项目质量控制体系涉及建设工程项目实施中所有的质量责任主体，而不只是某一个建筑企业。

（3）控制的目标不同

建设工程项目质量控制体系的控制目标是建设工程项目的质量标准，并非某一建筑企业的质量管理目标。

（4）作用的时效不同

建设工程项目质量控制体系与建设工程项目管理组织相融，是一次性的，并非永久性的。

（5）评价的方式不同

建设工程项目质量控制体系的有效性一般只做自我评价与诊断，不进行第三方认证。

3. 建设工程项目质量控制体系的结构

建设工程项目质量控制体系一般是多层次、多单元的结构形态，这是由其实施任务的委托方式和合同结构所决定的。

（1）多层次结构

多层次结构是对应于建设工程项目工程系统纵向垂直分解的单项、单位工程项目的质量控制体系。在大中型建设工程项目尤其是群体建设工程项目中，第一层次的质量控制体系应由建设单位的建设工程项目管理机构负责建立，在委托代建、委托项目管理或实行交钥匙式工程总承包的情况下，应由相应的代建方项目管理机构、委托项目管理机构或工程总承包企业项目管理机构负责建立。第二层次的质量控制体系通常是指分别由建设工程项目的设计总负责单位、施工总承包单位等建立的相应管理范围内的质量控制体系。第三层次及其以下层次的质量控制体系，是承担工程设计、施工安装、材料设备供应等各承包单位的现场质量自控体系，或称各自的施工质量保证体系。系统纵向层次机构的合理性是建设工程项目质量目标、控制责任和措施分解落实的重要保证。

（2）多单元结构

多单元结构是指在建设工程项目质量控制总体系下，第二层次的质量控制体系及其以下的质量自控或保证体系可能有多个。这是项目质量目标、责任和措施分解的必然结果。

（二）建设工程项目质量控制体系的建立

建设工程项目质量控制体系的建立过程，实际上就是建设工程项目质量总目标的确定和分解过程，也是建设工程项目各参与方之间质量管理关系和控制责任的确立过程。

1. 建立的原则

建设工程项目质量控制体系的建立，遵循以下原则：

（1）分层次规划原则

分层次规划是指建设工程项目管理的总组织者（建设单位或代建制项目管理企业）和承担项目实施任务的各参与单位，分别进行不同层次和范围的建设工程项目质量控制体系规划。

（2）目标分解原则

将建设工程项目的建设标准和质量总体目标分解到各个责任主体，明示于合同条件。

（3）质量责任制原则

应按照规定，界定各方的质量责任范围和控制要求。

（4）系统有效性原则

应从实际出发，建立项目各参与方共同遵循的质量管理制度和控制措施，并形成有效的运行机制。

2. 建立的程序

建设工程项目质量控制体系的建立过程，一般可按以下环节依次展开工作：

（1）确立系统质量控制网络

首先明确系统各层面的建设工程质量控制负责人，一般应包括承担项目实施任务的项目经理（或工程负责人）、总工程师，项目监理机构的总监理工程师、专业监理工程师等，以形成明确的项目质量控制责任者的关系网络架构。

（2）制定质量控制制度

质量控制制度包括质量控制例会制度、协调制度、报告审批制度、质量验收制度和质量信息管理制度等。形成建设工程项目质量控制体系的管理文件或手册，作为承担建设工程项目实施任务各方主体共同遵循的管理依据。

（3）分析质量控制界面

建设工程项目质量控制体系的质量责任界面包括静态界面和动态界面。一般情况下，静态界面根据法律法规、合同条件、组织内部职能分工来确定。动态界面主要是指项目实施过程中设计单位之间、施工单位之间、设计与施工单位之间的衔接配合关系及其责任纠纷，必须通过分析研究，确定管理原则与协调方式。

（4）编制质量控制计划

建设工程项目管理总组织者负责主持编制建设工程项目总质量计划。

3. 建立质量控制体系的责任主体

一般情况下，建设工程项目质量控制体系应由建设单位或建设工程项目总承包企业的建设工程项目管理机构负责建立：在分阶段依次对勘察、设计、施工、安装等任务进行分别招标发包的情况下，该体系通常应由建设单位或其委托的建设工程项目管理企业负责建立，并由各承包企业根据项目质量控制体系的要求，建立隶属于总的项目质量控制体系的设计项目、施工项目、采购供应项目等分质量保证体系（可称相应的质量控制子系统），以具体实施其质量责任范围内的质量管理和目标控制。

（三）建设工程项目质量控制体系的运行

建设工程项目质量控制体系的建立，为建设工程项目的质量控制提供了组织制度方面的保证。建设工程项目质量的控制体系的运行，实质上就是系统功能的发挥过程，也是质量活动职能和效果的控制过程。然而，质量控制体系要有效运行，还有赖于系统内部的运行环境和运行机制的完善。

1. **运行环境**

建设工程项目质量控制体系的运行环境，主要是指建设工程的合同结构、质量管理的资源配置和质量管理的组织制度为系统运行提供支持的管理关系、组织制度和资源配置的条件。

2. **运行机制**

建设工程项目质量控制体系的运行机制，是由一系列质量管理制度安排所形成的内在能力。运行机制是质量控制体系的生命，要为系统的运行注入动力机制、约束机制、反馈机制和持续改进机制。

（1）动力机制

动力机制是建设工程项目质量控制体系运行的核心机制，来源于公正、公开、公平的竞争机制和利益机制的制度设计或安排。这是因为建设工程项目的实施过程是由多主体参与的价值增值链，只有保持合理的供方及分供方等各方关系，才能形成合力，是建设工程项目成功的重要保证。

（2）约束机制

约束机制取决于各主体内部的自我约束能力和外部的监控效力，构成了质量控制过程的制衡关系。

（3）反馈机制

运行状态和结果的信息反馈，是对质量控制系统的能力和运行效果进行评价，并为及时做出处置提供决策依据。

（4）持续改进机制

在建设工程项目实施的各个阶段，不同的层面、不同的范围和不同的主体之间，应用PDCA循环原理展开质量控制，同时注重抓好控制点的设置，加强重点控制和例外控制。

在计划阶段，要通过市场调查、用户访问等，摸清用户对产品质量的要求，确定质量政策、质量目标和质量计划等。它包括现状调查、原因分析、确定要因和制订计划四个步骤。

在执行阶段，要实施上一阶段所规定的内容，如根据质量标准进行产品设计、试制、试验，其中包括计划执行前的人员培训。它只有一个步骤：执行计划。

在检查阶段，主要在计划执行过程之中或执行之后，检查执行情况，看是否符合计划的预期结果。该阶段也只有一个步骤：效果检查。

在处理阶段，主要根据检查结果，采取相应的措施。巩固成绩，把成功的经验尽可能纳入标准，进行标准化，遗留问题则转入下一个 PDCA 循环去解决。它包括两个步骤：巩固措施和下一步的打算。

第三节　建设工程项目施工质量控制

工程施工是使工程设计意图最终实现并形成工程实体的阶段，也是最终形成工程产品质量和建设工程项目使用价值的重要阶段。因此，施工阶段的质量控制不但是施工监理重要的工作内容，也是建设工程项目质量控制的重点。

施工阶段的质量控制是一个由对投入的资源和条件的质量控制，进而对生产过程及各环节质量进行控制，直到对所完成的工程产出品的质量检验与控制为止的全过程系统控制过程。按工程实体质量形成过程的时间阶段划分，施工阶段的质量控制可以分为以下三个环节：

第一，施工准备质量控制：在各工程对象正式施工活动开始前，对各项准备工作及影响质量的各因素进行控制，是确保施工质量的先决条件。

第二，施工过程质量控制：在施工过程中对实际投入的生产要素质量及作业技术活动的实施状态和结果所进行的控制，包括作业者发挥技术能力过程的自控行为和来自有关管理者的监控行为。

第三，竣工验收控制：对于通过施工过程所完成的具有独立的功能和使用价值的最终产品（单位工程或整个建设工程项目）及有关方面（如质量文档）的质量进行控制。

一、施工质量控制的目标、依据与基本环节

（一）施工阶段质量控制的目标

建设工程项目施工质量控制的总目标，是实现由建设工程项目决策、设计文件和施工合同所决定的预期使用功能和质量标准。可以从建设单位、设计单位、施工单位、供货单位和监理单位来了解施工质量控制的具体目标。

1. 建设单位的控制目标

通过对施工全过程、全面的质量监督管理，保证整个施工过程及其成果达到项目决策所确定的质量标准。

2. 设计单位的控制目标

通过对关键部位和重要分部分项工程施工质量验收签证、设计变更控制及纠正施工中所发现的设计问题，采纳变更设计的合理化建议等，保证竣工项目的各项施工成果与设计文件（包括变更文件）所规定的质量标准相一致。

3. 施工单位的控制目标

施工单位包括施工总包和分包单位，作为建设工程产品的生产者，应根据施工合同的任务范围和质量要求，通过全过程、全面的施工质量自控，保证最终交付满足施工合同及设计文件所规定质量标准（含建设工程质量创优要求）的建设工程产品。

4. 供货单位的控制目标

建筑材料、设备、构配件等供应厂商，应按照采购供货合同约定的质量标准提供货物及其合格证明，包括检验试验单据、产品规格和使用说明书，以及其他必要的数据和资料，并对其产品质量负责。

5. 监理单位的控制目标

建设工程监理单位在施工阶段，通过审核施工单位的施工质量文件、报告、报表，采取现场旁站、巡视、平行检测等形式进行施工过程质量监理；并应用施工指令和结算支付控制等手段，监控施工承包单位的质量活动行为，协调施工关系，正确履行对工程施工质量的监督责任，以保证工程质量达到施工合同和设计文件所规定的质量标准。

（二）施工质量控制的依据

施工质量控制所依据的文件主要有以下几种：

1. 专门技术法规性依据

针对不同的行业、不同质量控制对象制定的专门技术法规文件，包括规范、规程、标准、规定等，如建设工程项目质量检验评定标准，有关建筑材料、半成品和构配件的质量方面的专门技术法规性文件，有关材料验收、包装和标志等方面的技术标准和规定，施工工艺质量等方面的技术法规性文件，有关新工艺、新技术、新材料、新设备的质量规定和鉴定意见等。

2. 项目专用性依据

项目专用性依据指本项目的工程建设合同、勘察设计文件、设计交底及图纸会审记录、设计修改和技术变更通知，以及相关会议记录和工程联系单等。

（三）施工质量控制的基本环节

施工质量控制应贯彻全面、全员、全过程质量管理的思想，运用动态控制原理，进行质量的事前控制、事中控制和事后控制。

1. 事前质量控制

事前质量控制是正式施工前的主动控制，明确质量目标，制订施工方案，设置质量管理点，落实质量责任，分析各种影响因素，针对这些影响因素制定有效的预防措施。

2. 事中质量控制

事中质量控制指在施工质量形成过程中，对影响施工质量的各种因素进行全面的动态控制。事中质量控制也称作业活动过程质量控制，包括质量活动主体的自我控制和他人监控的控制方式。自我控制是第一位的，他人监控是指作业者的质量活动过程和结果，接受来自企业内部管理者和企业外部有关方面的检查检验，如工程监理机构、政府质量监督部门等的监控。

事中质量控制的目标是确保工序质量合格，杜绝质量事故发生；控制的关键是坚持质量标准；控制的重点是工序质量、工作质量和质量控制点的控制。

3. 事后质量控制

事后质量控制也称为事后质量把关，以使不合格的工序或最终产品（包括单位工程或整个建设工程项目）不流入下道工序、不进入市场。事后质量控制包括对质量活动结果的评价、认定，对工序质量偏差的纠正，对不合格产品进行整改和处理。控制的重点是发现施工质量方面的缺陷，并通过分析提出施工质量改进的措施，保持质量处于受控状态。

二、施工准备工作的质量控制

（一）施工技术准备工作的质量控制

施工技术准备是指在正式开展施工作业活动前进行的技术准备工作。这类工作内容繁多，主要在室内进行。例如，熟悉施工图纸，组织设计交底和图纸审查；进行建设工程项目检查验收的项目划分和编号；审核相关质量文件，细化施工技术方案和施工人员、机具的配置方案，编制施工作业技术指导书，绘制各种施工详图（如测量放线图、大样图及配筋、配板、配线图表等），进行必要的技术交底和技术培训。

（二）现场施工准备工作的质量控制

现场施工准备工作的质量控制分为计量控制、测量控制、施工平面图控制。

1. 计量控制

施工过程中的计量，包括施工生产时的投料计量、施工测量、监测计量以及对项目、产品或过程的测试、检验、分析计量等。

2. 测量控制

工程测量放线是建设工程产品由设计转化为实物的第一步。施工单位在开工前应编制测量控制方案，经项目技术负责人批准后实施。对建设单位提供的原始坐标点、基准线和水准点等测量控制点进行复核，并将复测结果上报监理工程师审核，批准后施工单位才能建立施工测量控制网，进行工程定位和标高基准的控制。

3. 施工平面图控制

建设单位应按照合同约定并充分考虑施工的实际需要，事先划定并提供施工用地和现场临时设施用地的范围，协调平衡和审查批准各施工单位的施工平面设计。

（三）工程质量检查验收的项目划分

一个建设工程项目从施工准备开始到竣工交付使用，要经过若干工序、工种的配合施工。

施工质量的优劣，取决于各个施工工序、工种的管理水平和操作质量。因此，为了便于控制、检查、评定和监督每个工序和工种的工作质量，就要把整个项目逐级划分为若干个子项目，并分级进行编号，在施工过程中据此来进行质量控制和检查验收。这是进行施工质量控制的一项重要准备工作，应在项目施工开始之前进行。

三、施工过程质量控制

施工过程的作业质量控制是在建设工程项目质量实际形成过程中的事中质量控制。

从项目管理的立场看，工序作业质量的控制，首先，是质量生产者即作业者的自控，在施工生产要素合格的条件下，作业者能力及其发挥的状况是决定作业质量的关键；其次，是来自作业者外部的各种作业质量检查、验收和对质量行为的监督。

（一）工序施工质量控制

1. 工序施工条件控制

工序施工条件控制就是控制工序活动的各种投入要素质量和环境条件质量。控制的手段主要有检查、测试、试验、跟踪监督等。控制的依据主要是设计质量标准、材料质量标准、机械设备技术性能标准、施工工艺标准以及操作规程等。

2. 工序施工效果控制

工序施工效果主要反映工序产品的质量特征和特性指标。对工序施工效果的控制就是控制工序产品的质量特征和特性指标能否达到设计质量标准以及施工质量验收标准的要求。工序施工效果控制属于事后质量控制，其控制的主要途径是实测获取数据，统计分析所获取的数据，判断认定质量等级和纠正质量偏差。

（二）施工作业质量的自控

1. 施工作业质量自控的意义

施工作业质量的自控，从经营的层面上说，强调的是作为建筑产品生产者和经营者的施工企业，应全面履行企业的质量责任，向顾客提供质量合格的工程产品；从生产的过程来说，强调施工作业者的岗位质量责任，向后道工序提供合格的作业成果（中间产品）。同理，供货厂商必须按照供货合同约定的质量标准和要求，对施工材料物资的供应过程实施产品质量自控。因此，施工承包方和供应方在施工阶段是质量自控主体，他们不能因为监控主体的存在和监控责任的实施而减轻或免除其质量责任。我国《建筑法》和《建设工程质量管理条例》规定，建筑施工企业对工程的施工质量负责；建筑施工企业必须按照工程设计要求、施工技术标准和合同的约定，对建筑材料、建筑构配件和设备进行检验，不合格的不得使用。

2. 施工作业质量自控的程序

施工作业质量的自控过程是由施工作业组织的成员进行的，其基本的控制程序包括作业技术交底、作业活动的实施和作业质量的自检自查、互检互查以及专职管理人员的质量检查等。

3. 施工作业质量自控的要求

工序作业质量是直接形成工程质量的基础。为达到对工序作业质量控制的效果，在加

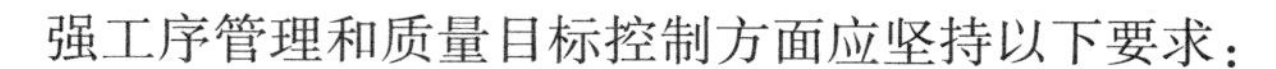

强工序管理和质量目标控制方面应坚持以下要求：

（1）预防为主

严格按照施工质量计划的要求，进行各分部分项施工作业的部署。同时，根据施工作业的内容、范围和特点，制订施工作业计划，明确作业质量目标和作业技术要领，认真进行作业技术交底，落实各项作业技术组织措施。

（2）重点控制

在施工作业计划中，一方面，要认真贯彻实施施工质量计划中的质量控制点的控制措施；另一方面，要根据作业活动的实际需要，进一步建立工序作业控制点，深化工序作业的重点控制。

（3）坚持标准

工序作业人员在工序作业过程应严格进行质量自检，通过自检不断改善作业，并创造条件开展作业质量互检，通过互检加强技术与经验的交流。对于已完工序作业产品，即检验批或分部分项工程，应严格坚持质量标准。对于不合格的施工作业质量，不得进行验收签证，必须按照规定的程序进行处理。

（4）记录完整

施工图纸、质量计划、作业指导书、材料质保书、检验试验及检测报告、质量验收记录等，是形成可追溯性的质量保证依据，也是工程竣工验收所不可缺少的质量控制资料。因此，对于工序作业质量，应有计划、有步骤地按照施工管理规范的要求进行填写记载，做到及时、准确、完整、有效，并具有可追溯性。

4. 施工作业质量自控的有效制度

根据实践经验的总结，施工作业质量自控的有效制度有质量自检制度、质量例会制度、质量会诊制度、质量样板制度、质量挂牌制度、每月质量讲评制度等。

（三）施工作业质量的监控

1. 施工作业质量的监控主体

我国《建设工程质量管理条例》规定，国家实行建设工程质量监督管理制度。建设单位、监理单位、设计单位及政府的工程质量监督部门，在施工阶段依据法律法规和工程施工承包合同，对施工单位的质量行为和质量状况实施监督控制。

2. 现场质量检查

现场质量检查是施工作业质量监控的主要手段。

（1）现场质量检查的内容

①开工前的检查：主要检查是否具备开工条件，开工后是否能够保持连续正常施工，能否保证工程质量。②工序交接检查：对于重要的工序或对工程质量有重大影响的工序，应严格执行“三检”制度（即自检、互检、专检），未经监理工程师（或建设单位技术负责人）检查认可，不得进行下道工序施工。③隐蔽工程的检查：施工中凡是隐蔽工程必须检查认证后方可进行隐蔽掩盖。④停工后复工的检查：因客观因素停工或处理质量事故等停工复工时，经检查认可后方能复工。⑤分项分部工程完工后的检查：应经检查认可，并签署验收记录后，才能进行下一建设工程项目的施工。⑥成品保护的检查：检查成品有无保护措施以及保护措施是否有效可靠。

（2）现场质量检查的方法

①目测法：凭借感官进行检查，也称观感质量检验。其手段可概括为“看、摸、敲、照”四个字。看，就是根据质量标准要求对外观进行检查。摸，就是通过触摸手感进行检查、鉴别。敲，就是运用敲击工具进行音感检查。照，就是通过人工光源或反射光照射，检查难以看到或光线较暗的部位。

②实测法：通过实测数据与施工规范、质量标准的要求及允许偏差值进行对照，以此判断质量是否符合要求。其手段可概括为“靠、量、吊、套”四个字。靠，就是用直尺、塞尺检查诸如墙面、地面、路面等的平整度。量，就是指用测量工具和计量仪表等检查断面尺寸、轴线、标高、湿度、温度等的偏差。吊，就是利用托线板以及线坠吊线检查垂直度。套，是以方尺套方，辅以塞尺检查。

③试验法：通过必要的试验手段对质量进行判断的检查方法，试验手段主要包括理化试验和无损检测两种。

3. 技术核定与见证取样送检

（1）技术核定

在建设工程项目施工过程中，因施工方对施工图纸的某些要求不甚明白，或图纸内部存在某些矛盾，或工程材料调整与代用，改变建筑节点构造、管线位置或走向等，需要通过设计单位明确或确认的，施工方必须以技术核定单的方式向监理工程师提出，报送设计单位核准确认。

（2）见证取样送检

为了保证建设工程质量，我国规定对工程所使用的主要材料、半成品、构配件以及施工过程留置的试块、试件等应实行现场见证取样送检。见证人员由建设单位及工程监理机

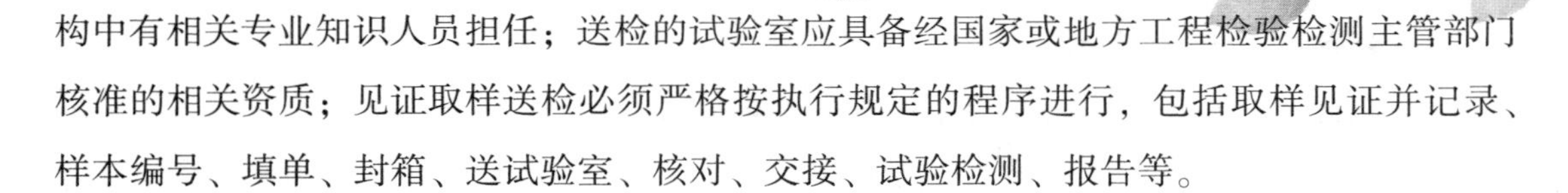

构中有相关专业知识人员担任；送检的试验室应具备经国家或地方工程检验检测主管部门核准的相关资质；见证取样送检必须严格按执行规定的程序进行，包括取样见证并记录、样本编号、填单、封箱、送试验室、核对、交接、试验检测、报告等。

（四）隐蔽工程检查

承包人应当对工程隐蔽部位进行自检，并经自检确认是否具备覆盖条件。除专用合同条款另有约定外，工程隐蔽部位经承包人自检确认具备覆盖条件的，承包人应在共同检查前 48 小时书面通知监理人检查，通知中应载明隐蔽检查的内容、时间和地点，并应附有自检记录和必要的检查资料。监理人应按时到场，并对隐蔽工程及其施工工艺、材料和工程设备进行检查。经监理人检查确认质量符合隐蔽要求，并在验收记录上签字后，承包人才能进行覆盖。经监理人检查质量不合格的，承包人应在监理人指示的时间内完成修复，并由监理人重新检查，由此增加的费用和（或）延误的工期由承包人承担。

除专用合同条款另有约定外，监理人不能按时进行检查的，应在检查前 24 小时向承包人提交书面延期要求，但延期不能超过 48 小时，由此导致工期延误的，工期应予以顺延。监理人未按时进行检查，也未提出延期要求的，视为隐蔽工程检查合格，承包人可自行完成覆盖工作，并做相应记录报送监理人，监理人应签字确认。

（五）施工过程质量验收

施工过程的质量验收包括以下验收环节，通过验收后留下的完整质量验收记录和资料，为建设工程项目竣工质量验收提供依据。

1. 检验批质量验收

检验批是指按同一的生产条件或按规定的方式汇总起来供检验用的、由一定数量样本组成的检验体，检验批可根据施工及质量控制和专业验收需要按楼层、施工段、变形缝等进行划分。检验批是工程验收的最小单位，是分项工程乃至整个建筑工程质量验收的基础。检验批应由专业监理工程师组织施工单位项目专业质量检查员、专业工长等进行验收。

2. 分项工程质量验收

分项工程的质量验收在检验批验收的基础上进行。一般情况下，两者具有相同或相近的性质，只是批量的大小不同而已。分项工程可由一个或若干检验批组成。分项工程应由专业监理工程师组织施工单位项目专业技术负责人等进行验收。

3. 分部工程质量验收

分部工程的验收在其所含各分项工程验收的基础上进行。分部工程应由总监理工程师组织施工单位项目负责人和项目技术负责人等进行验收；勘察、设计单位项目负责人和施工单位技术、质量部门负责人应参加地基与基础分部工程的验收；设计单位项目负责人和施工单位技术、质量部门负责人应参加主体结构、节能分部工程的验收。

四、竣工质量验收

项目竣工质量验收是施工质量控制的最后一个环节，是对施工过程质量控制成果的全面检验，是从终端把关方面进行质量控制。未经验收或验收不合格的工程，不得交付使用。

（一）竣工质量验收的依据

建设工程项目竣工质量验收的依据如下：

1. 国家相关法律法规和建设主管部门颁布的管理条例和办法。
2. 工程施工质量验收统一标准。
3. 专业工程施工质量验收规范。
4. 批准的设计文件、施工图纸及说明书。
5. 工程施工承包合同。
6. 其他相关文件。

（二）竣工质量验收的条件

工程符合下列条件方可进行竣工验收：

1. 完成工程设计和合同约定的各项内容。

2. 施工单位在工程完工后对工程质量进行了检查，确认工程质量符合有关法律、法规和工程建设强制性标准，符合设计文件及合同要求，并提出工程竣工报告。工程复工报告应经项目经理和施工单位有关负责人审核签字。

3. 对于委托监理的工程项目，监理单位对工程进行了质量评估，具有完整的监理资料，并提出工程质量评估报告。工程质量评估报告应经总监理工程师和监理单位有关负责人审核签字。

4. 勘察、设计单位对勘察、设计文件及施工过程中由设计单位签署的设计变更通知书进行了检查，并提出质量检查报告。质量检查报告应经该项目勘察、设计负责人和勘察、设计单位有关负责人审核签字。

5. 有完整的技术档案和施工管理资料。

6. 有工程使用的主要建筑材料、建筑构配件和设备的进场试验报告，以及工程质量检测和功能性试验资料。

7. 建设单位已按合同约定支付工程款。

8. 有施工单位签署的工程质量保修书。

9. 对于住宅工程，进行分户验收并验收合格，建设单位按户出具《住宅工程质量分户验收表》。

10. 建设行政主管部门及工程质量监督站等有关部门责令整改的问题全部整改完毕。

11. 法律、法规规定的其他条件。

（三）竣工质量验收的标准

单位工程是建设工程项目竣工质量验收的基本对象。建设项目单位（子单位）工程质量验收合格应符合下列规定：

1. 所含分部（子分部）工程质量验收均应合格。

2. 质量控制资料应完整。

3. 所含分部工程有关安全、节能、环境保护和主要使用功能的检验资料应完整。

4. 主要功能项目的抽查结果应符合相关专业质量验收规范的规定。

5. 观感质量验收应符合规定。

（四）竣工质量验收的程序

单位工程中的分包工程完工后，分包单位应对所承包的工程项目进行检查，并应按规定的程序进行验收。验收时，总包单位应派人参加。

单位工程完工后，施工单位应组织有关人员进行自检。总监理工程师应组织各专业监理工程师对工程质量进行竣工预验收。存在施工质量问题时，应由施工单位及时整改。

工程竣工质量验收由建设单位负责组织实施。建设单位组织单位工程质量验收时，分包单位负责人应参加验收。竣工质量验收应当按照以下程序进行：

1. 工程完工并对存在的质量问题整改完毕后，施工单位向建设单位提交工程竣工报告，申请工程竣工验收。实行监理的工程，工程竣工报告须经总监理工程师签署意见。

2. 建设单位收到工程竣工报告后，对符合竣工验收要求的工程，组织勘察、设计、施工、监理等单位组成验收组，制订验收方案。对于重大工程和技术复杂工程，根据需要可邀请有关专家参加验收组。

3. 建设单位应当在工程竣工验收 7 个工作日前将验收的时间、地点及验收组名单书面通知负责监督该工程的工程质量监督机构。

4. 建设单位组织工程竣工验收。

（五）竣工验收备案

建设单位应当在建设工程竣工验收合格之日起 15 日内，向工程所在地的县级以上地方人民政府建设主管部门备案。

建设单位办理工程竣工验收备案应当提交下列文件：

1. 工程竣工验收备案表。

2. 工程竣工验收报告。

3. 法律、行政法规规定应当由规划、环保等部门出具的认可文件或者准许使用文件。

4. 法律规定应当由公安消防部门出具的对大型的人员密集场所和其他特殊建设工程验收合格的证明文件。

5. 施工单位签署的工程质量保修书。

6. 法规、规章规定必须提供的其他文件。

五、工程质量问题和质量事故的处理

（一）工程质量问题

1. 质量不合格和质量缺陷

按规定，凡是工程质量不合格，影响使用功能或工程结构安全，造成永久质量缺陷或存在重大质量隐患，甚至直接导致工程倒塌或人身伤亡，必须进行返修、加固或报废处理，按照由此造成人员伤亡和直接经济损失的大小区分，在规定限额以内的为质量问题，在规定限额以上的为质量事故。

2. 工程质量事故

工程质量事故具有成因复杂、后果严重、种类繁多、往往与安全事故共生的特点，建设工程质量事故的分类有多种方法，不同专业工程类别对工程质量事故的等级划分也不尽相同。

3. 施工质量事故的预防

建立健全施工质量管理体系，加强施工质量控制，就是为了预防施工质量问题和质量事故，在保证工程质量合格的基础上，不断提高工程质量。所以，所有施工质量控制的措施和方法，都是预防施工质量问题和质量事故的手段。具体来说，施工质量事故的预防，要从寻找和分析可能导致施工质量事故发生的原因入手，抓住影响施工质量的各种因素和施工质量形成过程的各个环节，采取有针对性的有效预防措施。

4. 施工质量问题和质量事故的处理

（1）施工质量事故处理的依据

①质量事故的实况资料：包括质量事故发生的时间、地点，质量事故状况的描述，质量事故发展变化的情况，有关质量事故的观测记录、事故现场状态的照片或录像，事故调查组调查研究所获得的第一手资料。②有关合同及合同文件：包括工程承包合同、设计委托合同、设备与器材购销合同、监理合同及分包合同等。③有关的技术文件和档案：主要是有关的设计文件、与施工有关的技术文件、档案和资料。

（2）事故的原因分析

原因分析要建立在事故情况调查的基础上，避免情况不明就主观推断事故的原因，特别是对涉及勘察、设计、施工、材料和管理等方面的质量事故，往往事故的原因错综复杂，因此，必须对调查所得到的数据、资料进行仔细分析，依据国家有关法律法规和工程建设标准分析事故的直接原因和间接原因，必要时组织对事故项目进行检测鉴定和专家技术论证，去伪存真，找出造成事故的主要原因。

（3）制订事故处理的方案

事故的处理要建立在原因分析的基础上，并广泛地听取专家及有关方面的意见，经科学论证，决定事故是否进行处理和怎样处理。在制订事故处理方案时，应做到安全可靠、技术可行、不留隐患、经济合理、具有可操作性、满足建筑功能和使用要求。

（4）事故处理

事故处理的内容主要包括：事故的技术处理，按经过论证的技术方案进行处理，解决事故造成的质量缺陷问题；事故的责任处罚，依据有关人民政府对事故调查报告的批复和有关法律法规的规定，对事故的责任者实施行政处罚，负有事故责任的人员涉嫌犯罪的，依法追究其刑事责任。

（5）事故处理的鉴定验收

质量事故的处理是否达到预期的目的，是否依然存在隐患，应当通过检查鉴定和验收做出确认。事故处理的质量检查鉴定，应严格按施工验收规范和相关的质量标准的规定进行，必要时还应通过实际段测、试验和仪器检测等方法获取必要的数据，以便准确地对事故处理的结果做出鉴定。

（6）提交事故处理报告

事故处理后，必须尽快提交完整的事故处理报告，其内容包括：事故调查的原始资料、测试的数据，事故原因分析、论证，事故处理的依据，事故处理的方案及技术措施，实施质量处理中有关的数据、记录、资料，检查验收记录，事故处理的结论，等等。

第四节　工程质量控制的统计分析方法

一、质量统计基本知识

（一）总体、样本及统计推断工作过程

1. 总体

总体也称母体，是所研究对象的全体。个体是组成总体的基本元素。总体中含有个体的数目通常用 N 表示。在对一批产品进行质量检验时，该批产品是总体，其中的每件产品是个体，这时 N 是有限的数值，则称为有限总体，若对生产过程进行检测时，应该把整个生产过程过去、现在以及将来的产品视为总体。随着生产的进行，N 是无限的，称为无限总体。实践中一般把从每件产品检测得到的某一质量数据（强度、几何尺寸、质量等）即质量特性值视为个体，产品的全部质量数据的集合即为总体。

2. 样本

样本也称子样，是从总体中随机抽取出来，并根据对其研究结果推断总体质量特征的那部分个体。被抽中的个体称为样品，样品的数目称样本容量，用 n 表示。

3. 统计推断工作过程

质量统计推断工作是运用质量统计方法在生产过程中或一批产品中，随机抽取样本，通过对样品进行检测和整理加工，从中获得样本质量数据信息，并以此为依据，以概率数理统计为理论基础，对总体的质量状况做出分析和判断。

（二）质量数据的收集方法

1. 全数检验

全数检验是对总体中的全部个体逐一观察、测量、计数、登记，从而获得对总体质量

水平评价结论的方法。

2. 随机抽样检验

抽样检验是按照随机抽样的原则，从总体中抽取部分个体组成样本，根据对样品进行检测的结果，推断总体质量水平的方法。

抽样检验抽取样品不受检验人员主观意愿的支配，每一个体被抽中的概率都相同，从而保证了样本在总体中的分布比较均匀，有充分的代表性；同时它还具有节省人力、物力、财力、时间和准确性高的优点。它可用于破坏性检验和生产过程的质量监控，完成全数检测无法进行的检测项目，具有广泛的应用空间。抽样的具体方法有以下五种：

（1）简单随机抽样

简单随机抽样又称纯随机抽样、完全随机抽样，是对总体不进行任何加工，直接进行随机抽样，获取样本的方法。

（2）分层抽样

分层抽样又称分类或分组抽样，是将总体按与研究目的有关的某一特性分为若干组，然后在每组内随机抽取样品组成样本的方法。

（3）等距抽样

等距抽样又称机械抽样、系统抽样，是将个体按某一特性排队编号后均分为 n 组，这时每组有 K=N/n 个个体，然后在第一组内随机抽取第一件样品，以后每隔一定距离（K 号）抽选出其余样品组成样本的方法。

（4）整群抽样

整群抽样一般是将总体按自然存在的状态分为若干群，并从中抽取样品群组成样本，然后在中选群内进行全数检验的方法。

由于随机性表现在群间，样品集中，分布不均匀，代表性差，产生的抽样误差也大，同时在有周期性变动时，也应注意避免系统偏差。

（5）多阶段抽样

多阶段抽样又称多级抽样。上述抽样方法的共同特点是，整个过程中只有一次随机抽样，因而统称为单阶段抽样。但是当总体很大时，很难一次抽样完成预定的目标。多阶段抽样是将各种单阶段抽样方法结合使用，通过多次随机抽样来实现的抽样方法。

（三）质量数据的分类

质量数据是指由个体产品质量特性值组成的样本（总体）的质量数据集，在统计上称为变量。个体产品质量特性值称变量值。根据质量数据的特点，可以将其分为计量值数据和计数值数据。

1. 计量值数据

计量值数据是可以连续取值的数据，属于连续型变量。其特点是在任意两个数值之间都可以取精度较高一级的数值。它通常由测量得到，如重量、强度、几何尺寸、标高、位移等。此外，一些属于定性的质量特性，可由专家主观评分、划分等级而使之数量化，得到的数据也属于计量值数据。

2. 计数值数据

计数值数据是只能按0，1，2…数列取值计数的数据，属于离散型变量。它一般由计数得到。计数值数据又可分为计件值数据和计点值数据。

（1）计件值数据

表示具有某一质量标准的产品个数。

（2）计点值数据

表示个体（单件产品、单位长度、单位面积、单位体积等）上的缺陷数、质量问题点数等，如检验钢结构构件涂料涂装质量时，构件表面的焊渣、焊疤、油污、毛刺数量等。

二、质量统计分析方法

（一）统计调查表法

统计调查表法又称统计调查分析法，是利用专门设计的统计表对质量数据进行收集、整理和粗略分析质量状态的一种方法。

在质量控制活动中，利用统计调查表收集数据，简便灵活，便于整理，实用有效。它没有固定格式，可根据需要和具体情况，设计出不同统计调查表。常用的有分项工程作业质量分布调查表、不合格项目调查表、不合格原因调查表、施工质量检查评定用调查表等。

（二）分层法

分层法又称分类法，是将调查收集的原始数据，根据不同的目的和要求，按某一性质进行分组、整理的分析方法。分层的结果使数据各层间的差异突出地显示出来，层内的数据差异减少了。在此基础上再进行层间、层内的比较分析，可以更深入地发现和认识质量问题的原因。由于产品质量是多方面因素共同作用的结果，因而对同一批数据，可以按不

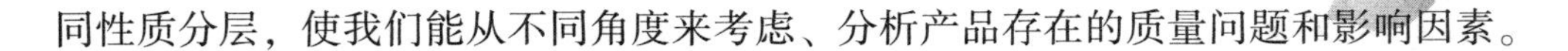

同性质分层，使我们能从不同角度来考虑、分析产品存在的质量问题和影响因素。

（三）排列图法

排列图法是利用排列图寻找影响质量主次因素的一种有效方法。排列图又叫帕累托图或主次因素分析图，它是由两个纵坐标、一个横坐标、几个连起来的直方形和一条曲线组成。在实际应用中，通常按累计频率划分为 0%～80%、80%～90%、90%～100%三部分，与其对应的影响因素分别为 A、B、C 三类。A 类为主要因素，B 类为次要因素，C 类为一般因素。

排列图可以形象、直观地反映主次因素。其主要应用如下：

第一，按不合格点的内容分类，可以分析出造成质量问题的薄弱环节；第二，按生产作业分类，可以找出生产不合格品最多的关键过程；第三，按生产班组或单位分类，可以分析比较各单位技术水平和质量管理水平；第四，将采取提高质量措施前后的排列图对比，可以分析措施是否有效；第五，可以用于成本费用分析、安全问题分析等。

（四）因果分析图法

因果分析图法是利用因果分析图来系统整理分析某个质量问题（结果）与其产生原因之间关系的有效工具。因果分析图也称特性要因图，又因其形状常被称为树枝图或鱼刺图。

（五）直方图法

直方图法即频数分布直方图法，是将收集到的质量数据进行分组整理，绘制成频数分布直方图，用以描述质量分布状态的一种分析方法，所以又称质量分布图法。通过直方图的观察与分析，可了解产品质量的波动情况，掌握质量特性的分布规律，以便对质量状况进行分析判断；同时可通过质量数据特征值的计算，估算施工生产过程总体的不合格品率，评价过程能力，等等。

（六）控制图法

控制图又称管理图，是在直角坐标系内画有控制界限，描述生产过程中产品质量波动状态的图形。利用控制图区分质量波动原因，判断生产过程是否处于稳定状态的方法称为控制图法。

1. 控制图的用途

控制图是用样本数据来分析判断生产过程是否处于稳定状态的有效工具。它的用途主要有两个。

（1）过程分析

分析生产过程是否稳定。为此，应随机连续收集数据，绘制控制图，观察数据点分布情况并判定生产过程状态。

（2）过程控制

控制生产过程质量状态。为此，要定时抽样取得数据，将其作为数据点描在图上，发现并及时消除生产过程中的失调现象，预防不合格品的产生。

2. 控制图的观察与分析

绘制控制图的目的是分析判断生产过程是否处于稳定状态。这主要通过对控制图上数据点的分布情况的观察与分析进行，因为控制图上的数据点是随机抽样的样本，可以反映出生产过程（总体）的质量分布状态。

当控制图同时满足以下两个条件时，就可以认为生产过程基本上处于稳定状态：一是数据点几乎全部落在控制界限之内；二是控制界限内的数据点排列没有缺陷。如果数据点的分布不满足其中任何一条，都应判断为生产过程异常。

（七）相关图法

相关图又称散布图。在质量控制中，它是用来显示两种质量数据之间关系的一种图形。质量数据之间的关系多属于相关关系，一般有三种类型：质量特性和影响因素之间的关系、质量特性和质量特性之间的关系、影响因素和影响因素之间的关系。

可以用 y 和 x 分别表示质量特性值和影响因素，通过绘制散布图、计算相关系数等，分析研究两个变量之间是否存在相关关系，以及这种关系密切程度如何，进而对相关程度密切的两个变量，通过对其中一个变量的观察控制，去估计控制另一个变量的数值，以达到保证产品质量的目的。这种统计分析方法，称为相关图法。

参考文献

[1] 黄明，高公略. 建设工程施工管理精讲与题解 [M]. 西安：西安电子科技大学出版社，2016.

[2] 董雄勇. 建设工程施工索赔费用计算体系研究 [M]. 昆明：云南科技出版社，2017.

[3] 叶爱崇. 主体结构工程施工 [M]. 北京：北京理工大学出版社，2017.

[4] 李学泉. 建筑工程施工组织 [M]. 北京：北京理工大学出版社，2017.

[5] 于金海，甄小丽，李伟，等. 建筑工程施工组织与管理 [M]. 北京：机械工业出版社，2017.

[6] 蔡军兴，王宗昌，崔武文. 建设工程施工技术与质量控制 [M]. 北京：中国建材工业出版社，2018.

[7] 许洁，刘凤莲. 建筑与市政工程施工现场专业人员职业标准培训教材建设工程质量检测见证取样管理与实务 [M]. 第2版. 郑州：黄河水利出版社，2018.

[8] 张志国，刘亚飞. 土木工程施工组织 [M]. 武汉：武汉大学出版社，2018.

[9] 王文杰. 建设工程施工合同解除法律实务 [M]. 北京：中国建材工业出版社，2020.

[10] 卢利群，高翔. 公路工程建设管理丛书公路工程文明施工指南 [M]. 成都：西南交通大学出版社，2020.

[11] 束东. 水利工程建设项目施工单位安全员业务简明读本 [M]. 南京：河海大学出版社，2020.

[12] 陶杰，彭浩明，高新. 土木工程施工技术 [M]. 北京：北京理工大学出版社，2020.

[13] 艾建杰，罗清波. 公路工程施工技术 [M]. 重庆：重庆大学出版社，2020.

[14] 武彦芳. 公路工程施工组织设计 [M]. 重庆：重庆大学出版社，2020.

[15] 刘将. 土木工程施工技术 [M]. 西安：西安交通大学出版社，2020.

[16] 苏德利. 土木工程施工组织 [M]. 武汉：华中科技大学出版社，2020.

[17] 郭正兴，郭正兴，李金根. 土木工程施工 [M]. 第3版. 南京：南京东南大学出版社，2020.

[18] 赵飞. 建设工程施工合同签订与履约管理实务 [M]. 北京：中国建材工业出版社，2021.

[19] 王磊作. 公路工程施工与建设 [M]. 长春：吉林科学技术出版社，2021.

[20] 陈春玲，刘明，李冬子. 公路工程建设与路桥隧道施工管理 [M]. 汕头：汕头大学出版社，2021.

[21] 黄春蕾，李书艳，杨转运. 市政工程施工组织与管理 [M]. 重庆：重庆大学出版社，2021.

[22] 胡利超，高涌涛. 土木工程施工 [M]. 成都：西南交通大学出版社，2021.

[23] 李联友. 工程造价与施工组织管理 [M]. 武汉：华中科技大学出版社，2021.

[24] 林大干，曲永昊，王云江. 基坑工程施工管理与案例 [M]. 北京：中国建材工业出版社，2021.

[25] 王晓玲，高喜玲，张刚. 安装工程施工组织与管理 [M]. 镇江：江苏大学出版社有限责任公司，2021.